全植物
纯素食

〔加〕安杰拉·利登/著　李　音/译

北京科学技术出版社

The Oh She Glows Cookbook by Angela Liddon

Copyright © 2014 by Glo Bakery Corporation

This edition published by arrangement with the Avery, an imprint of Penguin Publishing Group, a division of Penguin Random House LLC.

The Simplified Chinese translation rights © 2017 by Beijing Scie nce and Technology Publishing Co., Ltd.

著作权合同登记号 图字：01-2017-5471

图书在版编目（CIP）数据

全植物纯素食／（加）安杰拉·利登著；李音译．——北京：北京科学技术出版社，2017.10（2022.1重印）
ISBN 978-7-5304-9183-6

Ⅰ．①全… Ⅱ．①安… ②李… Ⅲ．①素菜－菜谱 Ⅳ．① TS972.123

中国版本图书馆 CIP 数据核字 (2017) 第 177839 号

策划编辑：崔晓燕
责任编辑：原　娟
图文制作：天露霖文化
责任印制：张　良
出 版 人：曾庆宇
出版发行：北京科学技术出版社
社　　址：北京西直门南大街16号
邮政编码：100035
电　　话：0086-10-66135495（总编室）
　　　　　0086-10-66113227（发行部）
网　　址：www.bkydw.cn
印　　刷：北京盛通印刷股份有限公司
开　　本：720mm×1000mm　1/16
印　　张：18.75
字　　数：265千字
版　　次：2017年10月第1版
印　　次：2022年1月第4次印刷
ISBN 978-7-5304-9183-6

定价：**79.00元**

京科版图书，版权所有，侵权必究。
京科版图书，印装差错，负责退换。

前　言

五年前，我成了一名纯粹的素食主义者，此后，我经历了巨大的转变。在与饮食失调症抗争了十年、尝遍了各种低热量、经过加工的"瘦身"食品之后，我强烈地意识到：我的生活——我的健康需要一次改革。我逐渐将饮食重心转移至由植物制成的食物上——用生机盎然的蔬菜、水果、谷物、豆子、坚果和种子代替精加工的盒装食品。饮食习惯的改变使我的精神面貌焕然一新。日积月累，我的皮肤变得有光泽，精力更加旺盛，慢性肠易激综合征也逐渐好转。那些号称热量仅有100卡路里（1卡路里≈4.2焦）的加工盒装食品突然对我失去了吸引力。

2008年，我开通了博客"亮闪闪的她"，尝试记录自己的康复之旅，宣传素食给我的生活带来的巨大改变。我的初衷从未改变，我只希望与大家分享自己的故事，并激励那些被健康问题困扰的人。实话实说，我根本没想到自己竟然坚持写了几个星期的博客，而这个兴趣也意外地成为了我的一项事业。我可以自信满满地说："我的博客改变了我的人生。"我开通博客后，短短几个月内，关注我的人数不断上升，不久之后，我便与世界各地的读者建立了联系。各种评论与邮件纷至沓来，很多读者都将自己承受痛苦与战胜自我的经历与我分享。这些充满勇气的博客朋友成为我康复的重要动力，他们的经历不断地鼓励着我坚持健康的饮食习惯。我第一次感到这么充实，这种充实感就是我现在所做的事情带给我的。渐渐地，我发现自己常常一整天都待在厨房里，按照自己最喜欢的配方做成一道道素食，并与读者分享这些素食及其配方的照片。

五年之后，我的博客"亮闪闪的她"的发展超越了我最大胆的想象，其月浏览量高达数百万次。近些年，世界各地都有读者因采用了我的配方而发生了令人欣喜的转变。能够与他人分享我对烹饪素食的热情，并将健康饮食带给我的愉悦传递至全世界，我备感欣慰。写一本食谱是我多年以来的梦想，我期待可以在书中与读者分享我最喜欢的配方，比如简单易做的早餐、富含蛋白质的零食、丰盛的主菜以及令人有罪恶感的甜品。如今，我很高兴终于有机会与大家分享这些我私藏已久的配方了。《全植物纯素食》包含上百个素食配方，其中大部分是全新的独家配方，也有一些读者最爱的改良版配方，它们能让你由内而外散发光彩。不管你是一位纯粹的素食主义者，还是仅仅想在一周中吃几顿素食的人，我相信这本书中的配方都有利于你的身体健康，也有利于你摄入均衡的营养，衷心希望这些配方能够点燃你对素食的热情！

我的健康之旅

我多希望我是因为在农场长大、从小跟着爷爷奶奶学习如何做菜而走上健康之路的，但事实却是，我是因为得了饮食失调症而不得以改变对待食物的态度。在十多年的时间里，食物一直是我的敌人。就像乘坐险象环生的过山车一般，我在厌食与暴食两种极端之间左右摇摆，不断挣扎，这导致我对食物充满怀疑与恐惧，甚至觉得自己异常可悲。当时的我不知道我每天吃的食物是如何影响我的情绪的，也并不在乎。对高热量和高脂肪食物的喜爱让我忽视了生活中的其他问题，同时也阻碍了我去体会营养均衡的好处——对我的心情、精神状态乃至自尊心的好处。在我内心深处，我知道自己拥有改变人生的力量，但是我并不知道究竟该如何改变。

真相是，人生最美好的时刻往往出现在我们最不快、不安或不满的时候。唯有在这样的时刻，我们才会在痛苦的鞭策下打破旧例，开始寻求不同的方式或更加真实的答案。

—— M. 斯科特·佩克

二十多岁的时候，我踏上了饮食失调症的康复之路。抱着乐观的心态，我决心放下过去，放眼未来，开启自我治疗的旅程。我的目标非常简单：学会再次爱上真正的食物，食用那些能够让我容光焕发的健康食物。这意味着我要与热量为 100 卡路里的零食、人造无糖脱脂酸奶等食物彻底决裂，并且要开始在每天早晨上班前用绿色蔬菜等素食制作一份蔬果昔。从羽衣甘蓝、黄瓜、甜菜根到胡萝卜，只要说得出名字的蔬菜，我就都放进搅拌器。我第一次做的蔬果昔看起来有点恐怖（尝起来也是如此），我将它称为"绿怪物"（参见第 55、59 和 65 页），但最后我成功调制出了一种完美的口味，并在我的博客上分享了这个配方。令我惊讶的是，"绿怪物"风靡了整个博客界，世界各地的读者都将他们制作的"绿怪物"拍成照片发给了我。很快，我的皮肤重现光泽，我的体力也大增，这让我可以轻松应对忙碌的一天。我的丈夫埃里克采用纯植物的饮食方式减掉了 20 磅体重，并且在没有任何药物辅助的情况下，他偏高的胆固醇也降低了。这种良好的效果促使我采用这种全新的生活方式并坚持下去，不再重蹈覆辙。

让食物成为药物，并让药物成为食物。

——希波克拉底

我经常订购社区支持农业（Community Supported Agriculture，简称 CSA）的蔬菜和逛"农夫市场"，因此，我厨房中的新鲜农作物越来越多。几年后，我自己也开辟了一片菜园，种植了大量羽衣甘蓝和其他蔬菜（那些种植失败的蔬菜我是不会说出来的）。种菜的经历让我第一次感受到自己与盘子里的食物的紧密联系。看着菜园里苗壮成长的菜苗，以及那些被我亲手拔起并吃掉的蔬菜，我感觉很奇妙！这些蔬菜都很新鲜可口，散发着大自然的气息。我生平第一次如此忙碌地在厨房里重新开始学习烹饪（以及拍照）。我失败过无数次（大多都被记录在我的博客上），但也有很多成功的案例，这些都成为我继续学习烹饪、提高厨艺的动力。

爱上天然的食物之后，我开始尝试在网上搜索素食配方，但结果却令我大失所望。很多情况下，按照网上的配方做出来的菜，好不好吃要碰运气，而且烹饪工序很复杂或需要使用素肉食品。基于以上原因，我决定自行研发一些更好的素食配方——甚至可以赢得爱吃肉的朋友的青睐。如果我的配方不能吸引我的丈夫，那就是不合格的。我把做出令人垂涎三尺的素食当作自己的目标，而且我经常要试验很多次才会把最终配方放到博客上。最重要的是，虽然我的配方选用的都是健康的纯植物食材，但我并不觉得自己被这些素食剥夺了享受美食的权利，因为素食并不是你们想的那样寡淡无味、没有营养、种类单一。只要你使用绝对新鲜的食材，食物自身会证明一切。

我茹素的习惯是慢慢养成的，并不是某一天我突然将冰箱里的所有食材扔掉或是弹指间就决定放弃肉类食品。这是一个循序渐进的过程，因为生活方式的改变需要很长时间。最初，我购买了很多市售素食食品，但是我很快就发现：不依赖这些食品时，我的精力更旺盛，整体健康水平也更高。因此，在这本书中你不会看到太多市售素食食品。我的饮食主要由蔬菜、水果、全谷物、坚果、豆子、种子和轻度加工的豆制品组成，这些食材也是本书使用的主要食材。以前的我总认为"素食"是稀奇古怪、选择有限或乏味无趣的食物的代名词，如今我已经证实：这种观念是错误的。如果你也对素食主义持怀疑态度，我希望这本书能改变你的想法！

当我吃的畜产品越来越少，而吃的蔬果越来越多时，我感觉自己像变了一个人一样，实际上看起来也是如此。刚开始，我是因为爱慕虚荣才这样做，久而久之，我吃素食的理由越来越多。当知道肉制品行业与乳制品行业对待动物有多么残忍后，我问了自己两个很难的问题：我这个从小到大都喜欢动物的人，该如何继续支持这些每年给无数动物带去痛苦与折磨的行业？吃肉制品和乳制品与我保护动物的信念相冲突，这种情况令我难以下咽，难道没有什么办法既可以让我拥有健康的饮食习惯，又不助长这些行业的发展吗？

有，当然有。纯植物食物鼓励我向外界寻找治疗饮食失调症的方法，还教会我珍惜地球上的所有生命，包括我自己的生命。慢慢地，我认识到自己的饮食习惯迫切需要改变。于是，我开始食用素食，因为食用素食就不会与我信念相冲突。这种饮食习惯让我越发热爱地球上的生命，也越发关爱我自己。我最终意识到，不管我的身材怎样，我都应该让自己过得幸福快乐并且吃得营养——所有人都应如此。

我希望这本书中的配方不仅能够点燃你的烹饪热情，还能让你意识到将健康食物融入日常饮食并不困难。行动起来，去追求你渴望已久的新生活吧——长跑1万米，爱上羽衣甘蓝，没有比现在更好的时机了！

安杰拉

永远不要怀疑：那一小部分有思想并且执着努力的公民能够改变这个世界。事实上，世界往往就是这样被改变的。

——玛格丽特·米德

关于本书

本书的配方由十章组成，从"早餐"到"自制特色食品"有上百道菜肴。其中许多菜肴都有不同的吃法（比如，"无油法拉费"既可以作为开胃菜，也可以充当一份令人满意的主菜——参见第83页），因此，你完全可以根据自己的喜好从不同章节中挑选不同配方，从而定制一份专属你的菜单。

我建议你在开始制作某道菜肴前，仔细阅读相关的配方与小贴士（本书中的一些配方后附有小贴士，请一定要留意）。因为在做某些菜肴时，我们需要提前做好准备（比如浸泡坚果）。通常情况下，我会在一些配方后附上关于提前准备食材的小贴士，也会附上如何改变配方来制作新菜的小贴士，例如，巧克力馅料可以被轻松改造成冷冻软糖（参见第228页的小贴士）。大胆尝试吧！我支持你！

我知道很多人都患有食物过敏症，因此，我会尽可能提供易致敏食材的替代品。我还会列出每道菜肴的特点——是否无麸质、无精糖或无糖、无大豆、无坚果、无谷物和/或无油，便于你进行选择。当然，购买食材时你最好还是主动看一下产品说明，以防误食易致敏食材。

"我的天然食材储藏室"一章中详细介绍了我在烹饪中经常使用的食材。虽然没有涵盖你可能会使用的所有食材，但是此章提供了本书中最常用的食材的具体信息。在开始烹饪之前，建议你一定要阅读该章。

另外，本书中的"准备时间"不包括"腌制时间""浸泡时间"等，"烹饪时间"指烹饪所需的精确时间的总和。用于涂抹厨具的油不计入食材中。

目　录

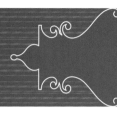

我的天然食材储藏室

将我家厨房中用来储藏食材的区域称为"储藏室"其实有点儿夸大其词，因为在我为本书研发配方时，我们家并没有储藏室或一个较大的储藏空间。（不要被照片中租来的豪华厨房给骗了。）我必须把每一种食材都塞进厨房的橱柜里，但是由于食材太多，我们的起居区有时也会被用来储存食材。我把麦芬模放在咖啡桌底下，把袋装面粉放到电视柜中，并把不用的煮锅和平底锅放在橱柜顶上。可以想象，如果让家人和朋友看到如此混乱的局面，我该有多尴尬！当我的丈夫向我求婚时，可怜的他压根儿不知道今后可能要面对什么样的生活。幸运的是，我的丈夫非常有耐心，并且热衷于他作为首席美食鉴定家的工作（他让我这么写的）。

无论你家厨房的储存区域大还是小，储存一些必备食材都有助于我们保持饮食均衡。当我逐渐意识到天然的植物食材可以代替畜产品时，我决定打造一间天然食材储藏室。打造储藏室需要时间，所以如果你还没有准备任何食材，不用气馁。每周添一些新食材，建好储藏室指日可待。享受打造储藏室的乐趣吧。当然，如果你已经拥有一间储藏室，那就事半功倍了！

全谷物和粉类

纯燕麦片和燕麦粉

　　燕麦是膳食纤维的重要来源，富含锰、硒、磷、镁、锌等矿物质。燕麦不仅可以为烘焙食品增添轻微的甜味和类似坚果的香味，还可以用于制作各种甜口和咸口的菜肴。纯燕麦片（即传统燕麦片）指的是被轧制成片的去壳生燕麦，通常用蒸和压或碾的方法去壳。碾过的燕麦片表面积大，比普通去壳燕麦和钢切燕麦更容易熟。自制燕麦粉非常简单（第263页），它可以为烘焙食品带来质朴、天然和香甜的味道。如果你对麸质过敏或患有其他过敏症，请使用经过认证的无麸质燕麦。

带皮杏仁粉和去皮杏仁粉

　　杏仁粉可以为饼干、粗粮条和其他烘焙食品增添独特的嚼劲、轻微的甜味和坚果的香味。去皮杏仁粉由去皮的白杏仁制成，口感细腻，而带皮杏仁粉则由带皮杏仁制成，口感较为粗糙。杏仁粉富含蛋白质——1/4 量杯（60 ml）杏仁粉含有 7.6 g 蛋白质——以及维生素 E、锰、镁和铜，比其他粉类食材更健康。如果你有破壁料理机或食物料理机，便可以在自家厨房制作杏仁粉（第263页），你也可以在超市中买到杏仁粉。

全麦派粉

　　与普通全麦面粉相比，全麦派粉的蛋白质（包括麸质）含量较低。羽毛般轻盈的质地使得全麦派粉成为代替传统中筋面粉的理想选择，而且它的营养价值更高。我会用全麦派粉代替某些配方（例如麦芬和蛋糕）所需要的中筋面粉。值得注意的是，不能用普通全麦面粉代替全麦派粉，因为用普通全麦面粉做出来的烘焙食物往往过于紧实、厚重。当然，如果你愿意，完全可以用中筋面粉代替全麦派粉。

生荞麦米和生荞麦粉

　　荞麦并不像一些人想的那样属于禾本科，不过，它与禾本科谷物极为相似，这使得荞麦粉成为制作无麸质烘焙食品的新宠。米色与淡绿色的生荞麦米是未经加工的天然谷物，它富含蛋白质、膳食纤维、锰和镁。烤荞麦米与生荞麦米经常被弄混，但是在本书的配方中，两者不能互换。烤荞麦米味道浓郁（有些人不喜欢），用它作为食材可能会掩盖其他食材的味道。基于以上原因，我总是选用生荞麦米作为食材。在本书第263页中，我介绍了如何自制生荞麦粉。你可以在一些有机食品专卖店里买到生荞麦米，也可以选择网购。

未增白的中筋面粉

未增白的中筋面粉由软质小麦与硬质小麦混合磨制而成，用中筋面粉制作的烘焙食品往往柔软而膨松。本书的配方不常使用中筋面粉，但是有时候，它是唯一可以使蛋糕或油酥糕点变膨松的面粉。不过，我发现也可以将配方中三分之一的中筋面粉用全麦派粉代替（第235页的"双层巧克力海绵蛋糕"），这并不会影响成品的整体效果。你要尽量选用有机的未增白的中筋面粉。

除了上述食材以外，我还会使用糙米、糙米粉、野米、小米、藜麦、卡姆小麦、斯佩尔特小麦胚芽以及小麦胚芽，但糙米、卡姆小麦和斯佩尔特小麦是我最常使用的。

植物奶、植物酸奶和植物奶酪

那些想要摆脱乳制品的人如今可以在大多数超市买到各种各样的植物奶。我个人最爱的植物奶是杏仁奶，它是我的常用食材。当然，你也可以选择自己喜欢的植物奶。我常喝自制的"香草杏仁奶"（第261页），而把市售无糖原味杏仁奶当作食材。杏仁奶的蛋白质含量较低，如果你想选择一种富含蛋白质的植物奶（比如制作蔬果昔时），我推荐豆浆或线麻籽奶。制作甜品时我会使用罐装椰奶，其丝滑柔顺的口感与奶油非常相似。本地森林（Native Forest）和泰国厨房（Thai Kitchen）是我常用的两个椰奶品牌。至于植物酸奶和植物奶酪，我只是偶尔使用，比如我在"温泉日什锦早餐"（第35页）中使用了植物酸奶。我更喜欢杏仁酸奶和椰子酸奶，比如真好吃（So Delicious）牌的，但是你也可以选择大豆酸奶，以摄取更多的蛋白质。我在"超抢手美式墨西哥焗菜"（第141页）中使用了少量植物奶酪碎，我的首选品牌是黛雅（Daiya），当然，你也可以选择自己喜欢的植物奶酪品牌。

甜味食材

帝王椰枣

还有比软糯且果肉肥厚的帝王椰枣更好的东西吗？制作蔬果昔、免烤甜品和派皮（第233页）时，我会用帝王椰枣来增加甜味。它绝对称得上是"天然糖果"！帝王椰枣有助于各种食材的融合，并能为食物增添几分焦糖般香甜醇厚的味道。作为证明，你可以试着做一下本书第249页的"自制巧克力'焦糖'球"——很多人都说，它们比商店里卖的糖果还好吃！如果你手边没有帝王椰枣，也可以用别的枣替代。如果你购买的椰枣又干又硬，使用前可以将它们放入水中浸泡30~60分钟至其软化。当然，还必须去除枣核。

纯枫糖浆

作为一个地道的加拿大人，我对枫糖浆的痴迷程度是不言而喻的。枫糖浆是用糖枫树的树汁熬制而成的糖浆。由于取材比较容易，我通常会用枫糖浆来作为甜味剂。我建议你使用B级枫糖浆，因为它的味道最浓。购买纯枫糖浆的渠道并不多，受你居住的地区影响，纯枫糖浆的价格可能较高。因此，你可以将本书配方中的枫糖浆换成自己喜欢的其他液态甜味食材，比如龙舌兰糖浆。用其他液态甜味食材替代枫糖浆时，尽管做出的成品味道会有些不同，但我认为不会影响最终的成功率。我不推荐用固态甜味食材代替液态甜味食材，因为固态甜味食材会影响食物的干湿平衡，有可能出现无法预料的结果。

黑糖

黑糖（以甘蔗为原料）是对蔗糖稍作加工制作而成的，具有类似椰子花糖的颗粒状的粗糙口感。制作黑糖时，要将从甘蔗中提取的甘蔗汁倒入大缸，然后加热，当甘蔗汁被熬成浓稠的糖浆时，对其进行冷却和干燥处理。整个制作过程完美地保留了糖蜜，而糖蜜中含有天然矿物质（例如铁、钙和钾）与维生素，这使得黑糖具有焦糖的色泽与浓郁的香味。我喜欢在制作姜饼或用到巧克力时使用黑糖（第216页的"无油巧克力西葫芦麦芬"）。如果没有黑糖，也可以用散装有机红糖或椰子花糖代替。

椰子花糖

椰子花糖是椰花汁经过低温熬煮、冷却、干燥并研磨而成的一种砂糖。尽管椰子花糖来源于椰子树，但是它并没有椰子味。因此，椰子花糖也被当作一种甜味剂出现在本书的配方中，它能为食物增添轻微的焦糖香气。与其他甜味食材相比，椰子花糖的血糖指数较低（35），且富含维生素和矿物质。在本书的大部分配方中，你都可以用椰子花糖代替黑糖或散装有机红糖。

有机蔗糖和有机红糖

有机蔗糖是烘焙食品中通用的甜味食材。它与传统的白砂糖相似，但是它在制作的过程中既不需要用动物骨炭过滤，也不需要用漂白剂增白！有机红糖与有机蔗糖几乎完全相同，二者的唯一差别在于，有机红糖中加入了一些糖蜜，因此，有机红糖呈棕红色，含水量也更高。按照本书中的配方烹饪时，你可以根据个人喜好选择浅棕色或深棕色的红糖。

黑糖蜜

黑糖蜜是含有铁、钾、钙、镁等矿物质的强力甜味食材。这种浓稠的糖浆可以让烘焙食品变得湿润而有嚼劲，适合用来制作姜饼和烧烤酱等。每汤匙黑糖蜜含有 3.5 mg 铁，所以食用黑糖蜜无疑是你补充铁元素的捷径。黑糖蜜与维生素 C 搭配食用，最有利于铁元素的吸收。

糙米糖浆

糙米糖浆能够为人体供应稳定而持久的能量。据说，由于糙米糖浆的血糖指数较低，食用糙米糖浆可有效避免人体血糖浓度达到峰值。我偶尔会使用糙米糖浆，因为某些菜肴（第 203 页与第 205 页的粗粮条）需要这种极为黏稠的糖浆。最近，人们对糙米糖浆和其他大米制品中砷的含量感到担忧，因此，人们正在研究糙米糖浆的摄入量在哪个范围内才是安全的。我建议你时刻关注此项研究，自行决定是否食用糙米糖浆。

脂肪和油

初榨椰子油

椰子油是我非常喜欢的一种食用油，它具有保护心脏、抗真菌和抗细菌的作用。椰子油的烟点较高，非常适合高温油炸、烘烤或烧烤——其中的营养成分也不会被破坏。出于以上原因，我在烹饪时经常使用椰子油。固态椰子油可以代替黄油，用它做出的食物（第227页的"巧克力馅榛子挞"）口感更紧实。初榨椰子油的味道与椰肉的味道相似，初榨椰子油可以为食物增添一丝淡淡的天然椰香，烹饪时添加一点儿初榨椰子油就能让菜肴更具吸引力。我很喜欢椰子的香味，制作各种菜肴时经常使用椰子油，甚至制作油炸食品时也会使用。如果你不喜欢吃椰子，我建议你使用精制椰子油，这种椰子油没有一丝椰子的味道。烹饪（比如煎或炒）时，你也可以用自己喜欢的其他食用油代替椰子油。

冷压特级初榨橄榄油

家家户户的厨房里都会有一瓶特级初榨橄榄油，但是它不能被用于油炸之类的高温烹饪。橄榄油的烟点约为200℃，过高的温度很容易使橄榄油变质。尽管如此，只要在烹饪过程中避免过度加热，橄榄油仍然是一种多用途的健康食用油。选择特级初榨橄榄油时，应购买瓶身为深琥珀色的，这样的包装可以防紫外线。冷压橄榄油是使用物理压力将油脂从原料中分离制作而成的，通常被认为是最健康的选择。

葡萄籽油

葡萄籽油是一种优质食用油，适合制作各种菜肴。当我不希望自己使用的油影响蛋糕的整体味道时，我会选择葡萄籽油。你也可以用特级初榨橄榄油代替葡萄籽油（用于高温煎炸或烧烤时除外），需要注意的是，这样做出的菜肴会有橄榄油的味道。

牛油果

你是否试过用牛油果代替黄油或普通食用油？这听起来简直不可思议。但是，牛油果被称为"天然黄油"。我喜欢用它代替黄油抹在烤面包上（第31页的牛油果吐司）。制作"快手奶香牛油果酱意大利面"（第165页）时，我也会用牛油果代替食用油和奶油。说实话，牛油果真的很百搭。

素黄油

素黄油由天然植物油制成，是一种非常普遍的食用油。现在，市面上还可以买到不含大豆和棕榈油的素黄油。出于健康考虑，我偏爱椰子油。但是，当制作某些菜肴必须用到黄油时，我会使用少量素黄油。例如，制作花椰菜马铃薯泥（第195页）和"无麸质巧克力杏仁布朗尼"（第 245 页）时，添加少许素黄油，便可保留菜肴的传统味道。我们也可以将素黄油抹在麦芬蛋糕、快手面包、烤马铃薯和吐司上食用。

亚麻籽油和香油

制作沙拉酱时，我会使用亚麻籽油，因为它富含 ω–3 脂肪酸，偶尔我也会使用香油。这两种食用油的烟点较低，应避免过度加热。我在制作"简易意式风味油醋汁"（第 269 页）和泰式花生酱（第 145 页）时分别使用了亚麻籽油和香油。如果你手边没有这两种食用油，也可以用特级初榨橄榄油代替。

盐

由于每个人口味不同，我建议你在制作菜肴时边加盐边品尝（烘焙甜品时当然不能这样做）。你可以将配方中的用量作为一般的标准，也可以根据自己的口味调整盐的用量。烹饪时，可根据自己的口味，少量多次地加盐进行调味，因为如果一次性放太多盐，便难以补救了。

有机香草蔬菜味海盐（Herbamare）

有机香草蔬菜味海盐是一种非常棒的盐，这种盐是以蔬菜和香草（比如西芹、韭葱、洋葱、欧芹、大蒜、罗勒、迷迭香等）为原料制成的。海盐的钠含量比传统食盐的稍低。海盐味道独特，给蔬菜调味时我通常不会严格控制其用量。在后文的配方中，当我提到烤制或清炒蔬菜时，你可以假设我使用的是有机香草蔬菜味海盐。

细海盐

含碘细海盐是我烹饪时最常用的盐。海盐由咸水湖中的水或海水蒸发而成，并保留了一部分微量元素。此外，精盐通常含有添加剂，我更愿意购买含碘海盐，因为碘是合成甲状腺激素的元素，而盐则是我们从日常饮食中摄取碘的最简单的来源。有时我也会使用喜马拉雅山粉红盐。

晶片海盐

晶片海盐并不是必需的烹饪调味品，但它却是十分可爱的点缀。在布朗尼或手工巧克力上零星地撒上一些晶片海盐，不仅能把巧克力香甜的味道激发出来，还能唤醒我们沉睡的味蕾。

芳香植物和香料

以下是我经常使用的芳香植物和香料。

卡宴辣椒粉

辣椒粉

肉桂

香菜

孜然

大蒜粉

生姜

洋葱粉

牛至

红椒粉

红辣椒面

烟熏红椒粉（甜味 / 辣味）

姜黄粉

一般情况下，我会在超市的散装食品货架上或散装食品店购买少量的干芳香植物。购买散装干芳香植物往往比较便宜，因为我们无须为那些廉价的包装罐付费。与大众的想法恰恰相反，干芳香植物的保质期并不长，因此需要经常更换。根据我的经验，干芳香植物制成的粉末每六个月应更换一次。要将它们装入玻璃罐，置于阴凉处，远离所有热源（比如烤箱）。烹饪时，我总是喜欢使用新鲜的罗勒、香芹、迷迭香和肉豆蔻，因为我发现这些新鲜植物的味道很诱人。新鲜的生姜也是非常棒的选择，而且有益于健康，可以促进消化和增强免疫力（例如第 67 页的"健康疗愈南非国宝茶"）。

蔬菜汤和蔬菜粉

为了节省成本，有时我会用沸水冲蔬菜粉来制作蔬菜汤。我喜欢全素食且不含酵母与味精的蔬菜粉。你也可以使用自制的蔬菜汤（第285页）或市售蔬菜汤。

坚果和种子

奇亚籽

奇亚籽含有 ω–3 脂肪酸、铁、钙、镁、膳食纤维与蛋白质，极具营养价值。制作某些蔬果昔时，我会在食材中加入1勺奇亚籽，制作粗粮条（第203页和第205页）、烘焙食品、"超简单纯素燕麦粥"（第27页）和"超级能量奇亚籽面包"（第211页）时，我也会使用奇亚籽，奇亚籽还可以作为布丁的基底（第214页的"奇亚籽布丁巴菲"）。你可以将奇亚籽装入盐瓶放在餐桌上，以便随时取用。在食物中撒上少许奇亚籽，可以保证人体必需的 ω–3 脂肪酸的摄入。相对于亚麻籽而言，奇亚籽无须研磨，其营养就可以直接被人体吸收，因此，烹饪时使用奇亚籽比较方便。

葵花子（带壳）

富含维生素 E 的葵花子是烹饪时的必备良品。在制作菜肴的过程中，如果你不想使用花生酱或杏仁酱，那么葵花子酱则是一个很好的替代品。

腰果

生腰果是制作植物奶油的秘密武器。你可以用生腰果打造豪华的奶油派（第233页的"枫糖南瓜燕麦派"）、自制植物酸奶油（第267页）、"奶油"浓汤（第129页的"十全十美腰果蔬菜汤"）等等。一旦你感受到生腰果的神奇魔力，那些普通的奶油将会成为过去。在本书的一些配方（比如第133页的番茄浓汤）中，使用腰果之前要先浸泡，使它变软以便搅打，浸泡后的腰果也更易于人体消化。浸泡方法如下：将腰果置于碗中，加水至没过腰果，浸泡一整晚，也可以用热水泡2小时，使用前将水倒掉并将腰果洗净。

杏仁

生杏仁富含钙、蛋白质与膳食纤维。可以说，杏仁是我最喜欢的零食之一。与其他坚果一样，只有事先将杏仁浸泡一整晚（也被称为"泡发"），其营养才能有效地被人体吸收。我常常将 1/2 量杯（125 ml）杏仁、葵花子和南瓜子的混合物放入水中浸泡一整晚。次日清晨，把水倒掉，将混合物洗净并沥干，装入密封容器并放入冰箱冷藏，一般可以保存 2～3 天。这是一种方便食用的健康零食。

亚麻籽

与奇亚籽类似，亚麻籽同样富含抗菌消炎的 ω–3 脂肪酸。由于亚麻籽很容易被氧化，所以我一般将它们储存在冰箱的冷藏室或冷冻室里，使用之前取出研磨成粉——你可以用搅拌器或咖啡研磨机研磨亚麻籽。将研磨好的亚麻籽粉与水混合，可以制成低成本的鸡蛋替代品，即"亚麻鸡蛋"。将亚麻籽粉与水混合并静置数分钟后，混合物将变得浓稠并形成类似于蛋清的凝胶物质。

线麻籽（去壳）

去壳的线麻籽（又名"麻仁"）呈绿色，是线麻的种子。线麻籽含有优质的蛋白质，能够提供人体所需的全部氨基酸。3 汤匙（45 ml）线麻籽含的蛋白质多达 10 g，有助于增强肌肉。更重要的是，线麻籽含有 ω–6 脂肪酸与 ω–3 脂肪酸，这两种脂肪酸的含量比为 4:1，因此，线麻籽可以有效缓解身体的各种炎症。我喜欢在制作蔬果昔时加入线麻籽，也喜欢在沙拉和燕麦粥里撒一些线麻籽，或用线麻籽制作线麻籽香蒜酱（第 161 页的羽衣甘蓝香蒜酱）。

南瓜子（或带壳南瓜子）

南瓜子富含蛋白质和铁，1/4 量杯（60 ml）南瓜子含有近 10 g 蛋白质与近 3 mg 铁。南瓜子与维生素 C 搭配食用，最有利于铁的吸收。

为了防止坚果和种子变质，应将它们保存于冰箱的冷藏室或冷冻室中。如果没有冰箱，也可以将它们保存在阴凉处。除了上文列举的坚果和种子以外，烹饪时我还会使用无糖椰丝、芝麻（和芝麻酱）、全天然烤花生酱、生山核桃仁和生核桃仁。

豆类

鹰嘴豆（鸡心豆）

鹰嘴豆富含蛋白质、膳食纤维与铁。1 量杯（250 ml）煮熟的鹰嘴豆含有 14.5 g 蛋白质、12.5 g 膳食纤维和近 5 mg 铁。我的日常饮食几乎离不开鹰嘴豆——当然，我指的是鹰嘴豆泥（你可以在第 86 页找到"经典鹰嘴豆泥"的做法）。如果某位客人为我带来一些新鲜的鹰嘴豆，我敢保证我们一定会成为最好的朋友。

黑豆

黑豆含有丰富的蛋白质和膳食纤维，也含有人体所必需的维生素和氨基酸，还含有锌、铜、镁等微量元素。食用 1 量杯（250 ml）黑豆将使你一整天充满活力，远离饥饿。经常食用黑豆，有助于软化血管、滋润皮肤、延缓衰老。黑豆又名黑龟豆，这些充满光泽、外形饱满的小豆子是制作素食的理想食材，可以用来制作焗菜（第 141 页的"超抢手美式墨西哥焗菜"）、汤和沙拉等。

小扁豆

小扁豆是我最喜欢的蛋白质来源之一，也是我烹饪时常用的食材。加拿大是世界上最大的小扁豆生产国，因此，小扁豆的价格也较低，散装小扁豆价格尤为低廉。与其他豆类不同，小扁豆无须浸泡，可以在 20～30 分钟之内煮熟，非常方便。绿色和棕色小扁豆最常见、最实用，也是最容易购买的品种。它们的颗粒通常较为饱满，是很好的烹饪食材，不过，不宜煮得过熟。红小扁豆最适合用来做汤和炖菜，因为它们容易煮烂，能增加汤汁的浓稠度。法国小扁豆呈深棕色或绿色，大约是普通绿色或棕色小扁豆的一半大。法国小扁豆不仅形状均匀整齐，而且富有嚼劲，是新鲜沙拉和意大利面的最佳搭档。1 量杯煮熟的小扁豆含有约 18 g 蛋白质、16 g 膳食纤维和 6.5 mg 铁。

浸泡豆子与煮豆子（不包括小扁豆）的注意事项

使用干豆子前，应将它放入水中浸泡至少 8～12 小时，这样可以减少煮豆子的时间。

浸泡后，务必将豆子洗净并沥干水分。浸泡豆子的水不可食用——因为水中会有豆子表皮释放的植酸、单宁和其他可能导致肠胃胀气的物质。

煮豆子时，应将它们放在较大的平底深锅内，加水，直至没过豆子5 cm。有时我会在锅里加入1片拇指大的昆布（一种海藻）。昆布不仅有助于消化，还会释放出对人体有益的矿物质。待水煮沸后，调至中火继续煮，注意撇除浮沫。煮豆子的时间为30～90分钟（取决于豆子的品种与新鲜程度），煮至豆子变软并且可以用叉子轻易刺穿为止。

切记，待豆子彻底煮熟后才能加盐，这一点非常重要。如果在煮的过程中加盐，可能导致豆子不易煮烂。

关于豆类罐头的注意事项

我希望自己能亲自准备所有的食材，然而忙绿的生活常常使我力不从心。迫不得已时，我会选择不含双酚A（BPA）的豆类罐头。伊甸园（Eden）是我喜欢的罐头品牌，我总是购买该品牌的鹰嘴豆、黑豆和番茄泥罐头。

豆制品

老豆腐

在我的配方中，豆腐并不是常用的食材。但是有需要时，我会选用老豆腐，因为我更喜欢这种豆腐的口感。如有需要，建议你购买用非转基因豆子制成的有机豆腐和其他豆制品。

关于豆腐去水的注意事项

只有去除豆腐中多余的水分，豆腐的口感才会比较紧实。用书压了数年豆腐之后，我终于购买了一个豆腐压水器。它简直改变了我的生活！如果你经常吃豆腐，我强烈建议你也购买一个豆腐压水器，方便又实用。如果你没有豆腐压水器，也不用担心，我会教你如何手工去水（第271页）。

毛豆

毛豆含蛋白质、维生素、碳水化合物和矿物质等营养素。它呈青色，其实就是未成熟的黄豆，你可以在超市中买到。一般情况下，速冻毛豆已经用水煮过或蒸过。如果你正在寻找一种可以快速煮熟的富含蛋白质的食物作为纯植物性膳食的补充，那么毛豆是一个很好的选择。我喜欢在制作沙拉和蘸酱或炒菜时加入毛豆。

丹贝

丹贝是一种发酵的大豆制品，具有类似坚果的轻微苦味，我们可通过蒸煮或其他烹饪方式减轻这种苦味。你可以在超市的冷藏柜中找到丹贝，有时它也会被摆放在冷冻柜中。与平滑柔软的豆腐块相比，丹贝表面粗糙不平、形似蛋糕。与豆腐不同的是，丹贝的含水量较低，因此不需要去水。如果你购买的丹贝出现白色斑点或黑色纹理（发酵过程中的正常现象），请不要惊慌。但如果出现粉色、蓝色或黄色斑点，那就要注意了。这可能意味着丹贝已经发霉变质。我对丹贝那奇妙的味道有些后知后觉，但是我在本书中介绍了自己最喜欢的用丹贝制作的菜肴（第187页的"香蒜糖醋汁烤丹贝"），希望你也能喜欢上丹贝！

无麸质日本酱油（Tamari）

日本酱油是一种日式酱油，通常不含麸质。与传统酱油相比，日本酱油的咸味较淡，也更具风味。如果你想购买无麸质日本酱油，请务必检查瓶身是否贴有"无麸质"标签。此外，应尽量选购无添加剂的有机酱油，确保其不含人工色素和人工合成香料。如果你需要一款大豆酱油的替代品，我推荐椰子酱油，这种酱油与日本酱油味道相似，且不含大豆。另一个选择是购买不含大豆的酱油。我通常购买低盐酱油，这有助于控制钠的摄入量。

巧克力和可可

黑巧克力豆

需要注意的是，不是所有的黑巧克力豆都适合素食主义者。购买时，应仔细阅读产品说明，确保它们不含任何乳制品。享受生活（Enjoy Life）是我最喜欢的品牌，该品牌的巧克力豆十分小巧，而且不含大豆、坚果、麸质和乳制品。这种类型的巧克力豆是我烹饪时的常用食材。

天然无糖可可粉

天然（非碱化）无糖可可粉由可可豆制成，味苦，能够为烘焙食品增添浓郁的巧克力味。由于天然可可粉呈酸性，所以，当可可粉与小苏打（碱性）相结合时，烘焙食品会变得膨松。应区分天然可可粉与碱化可可粉，后者是一种经过碱化处理的可可粉，味道更加香醇，但是无法与小苏打产生化学反应。因此，制作菜肴时，天然可可粉与碱化可可粉不可相互替代。本书中，我使用的是天然无糖可可粉。

其他

营养酵母

营养酵母不仅富含蛋白质与维生素 B，还可以为素食增添奶酪和坚果的味道。营养酵母为非活性酵母，应与制作面包的啤酒酵母进行区分。尝试用营养酵母制作酱汁、调味汁，撒在爆米花或蒜香面包上，或是制作"超暖心辣味玉米片蘸酱"（第81页），绝对惊艳四座！

小苏打和无铝泡打粉

与普通泡打粉相比，无铝泡打粉的味道更好（没有金属味），更重要的是，使用无铝泡打粉不会让你摄入铝。为了测试泡打粉的活性，你可以将 1/2 茶匙（2 ml）泡打粉与 1/4 量杯（75 ml）沸水混合在一起。如果混合物产生气泡，则证明泡打粉具有活性。泡打粉的保质期通常为 6 ~ 12 个月。鉴于小苏打本身不含铝，你可以放心购买任何品牌的小苏打。为了测试小苏打的活性，你可以将 1/2 茶匙（2 ml）小苏打粉与一些醋混合在一起。如果混合物产生泡沫与气泡，则证明小苏打具有活性。小苏打的保质期较长，一般在 3 年以上。

葛根粉

葛根粉是从热带葛属植物的根部提取出来的一种白色淀粉。它可以作为酱汁的增稠剂，制作无麸质烘焙食品时也会用到它。如果你没有葛根粉，可以用玉米淀粉代替。

昆布

昆布是一种可食用的海藻，不仅有助于消化，还可以分解煮豆子时释放的酶，防止胃部胀气。此外，它富含多种天然矿物质，能为菜肴增加营养。我通常会在煮豆子时，放入 1 片拇指大的昆布。

酸味食材

柑橘或醋等不仅可以为食材增添光泽，还可以丰富菜肴的味道。我经常使用的酸味食材包括新鲜柠檬汁、苹果醋、意大利香醋、米醋、红葡萄酒醋、白葡萄酒醋和白醋。我的食材储藏室中总是备着这些酸味食材。由于醋的酸性特质，其保质期往往较长，可以在室温下储存。

我的厨具与小电器

我将在本章介绍自己烹饪时经常使用的厨具和小电器。以下列举的厨具和小电器并非都是必需的，但是它们确实为我带来了不少便利。

食物料理机

　　我拥有一台容量为 14 量杯的美膳雅（Cuisinart）食物料理机，我每天至少使用一次。当然，一台小容量的食物料理机就可以满足你所有的日常需求。我会使用料理机制作粗粮条、生食甜品、坚果酱、调味汁和香蒜酱等等。我建议你在制作坚果酱（第 281 页的"枫糖肉桂杏仁酱"）时使用大功率的料理机，因为功率小的料理机通常无法进行较长时间的搅打，否则会烧坏电机。

破壁料理机

我曾经使用过多种类型的料理机，最终还是狠下心买了一台维他美仕 5200 型（Vitamix 5200）破壁料理机。它的价格并不便宜，但绝对物超所值。另一个值得信赖的品牌是布兰泰（Blendtec），两者在产品质量和搅打功能方面不分高下。我每天都用料理机做蔬果昔、果汁、调味汁、汤、杏仁奶和面粉。如果你家没有维他美仕破壁料理机，也不用担心——大多数的破壁料理机都可以满足本书中的需求。值得注意的是，一些料理机可能无法均匀搅打某种蔬菜或水果，比如羽衣甘蓝或帝王椰枣。

透明玻璃罐

坦白说，我并不常制作罐头，但是我喜欢用透明玻璃罐储存食材并将它们放在储藏室或冰箱里。有时我也会将五彩缤纷的蔬果昔（第 55 ~ 65 页）装在这些玻璃罐中。我有各种容量的玻璃罐（但是这件事要对我丈夫保密），从 125 ml 的到 2000 ml 的都有。这些玻璃罐就像高跟鞋一样，我永远也不嫌多！

主厨刀和削皮刀

在我得到第一把优质的主厨刀之前，我从来不知道切蔬菜是一件如此轻松的事情。一把好的主厨刀可以毫不费力地切开蔬菜。因此，我建议你使用主厨刀来切段或切丁。像给橙子去皮或给辣椒去籽这种较复杂的操作，削皮刀则是更理想的选择。请务必购买一把磨刀棒。保持厨房用刀的锋利意味着保证自己的安全，将定期磨刀作为一种良好的烹饪习惯——此外，你还能过一把"佐罗瘾"！

微面（Microplane）擦菜板

只要拥有这款擦菜板，你就是擦柑橘丝和巧克力屑的专家。当然，你也可以使用盒式擦菜板，但是微面擦菜板能让你从容地把各种食材擦成丝。我喜欢给参加晚宴的客人们一点儿小惊喜：在他们面前的甜品上添加一层薄薄的巧克力屑，令他们眼花缭乱！

大号有边烤盘

有边烤盘是烤蔬菜和鹰嘴豆的最佳选择，烤盘的边框设计可以防止食材掉在烤箱底部发生燃烧。如果你像我一样喜欢保持烤箱的清洁，那你一定会对这种烤盘爱不释手。你可以按照自家烤箱的尺寸购买最大号的烤盘，以便所有食材都能均匀地铺撒在里面。我选择的是环保型烤盘，比如格林攀（Green Pan）——该品牌的炊具不含全氟辛酸铵（PFOA）等化学成分。

珐琅铸铁锅

珐琅铸铁锅是我对厨具的另一项重要投资。这种铸铁锅价格不菲，但是如果保养得当，够用几辈子了。珐琅铸铁锅有无毒的不粘锅涂层，有助于热量均匀分布。你可以在炉灶上或烤箱里放一口珐琅铸铁锅，充当厨房里的多功能锅。珐琅铸铁锅极其耐用，或许你还能在别人家的车库卖场里（跳蚤市场）或古董市场上意外淘到一口不错的二手珐琅铸铁锅。

铸铁平底煎锅

直径 25 ~ 30 cm 的铸铁平底煎锅是我必备的厨具，理由如下：首先，虽然铸铁平底煎锅比一般的不粘锅略贵一些，但是如果保养得当，它们无须经常更换；其次，烹饪时，铸铁平底煎锅会释放铁元素，这对于素食主义者尤其是纯素主义者是一件很棒的事情；最后，铸铁平底煎锅能使热量均匀分布，非常适合放在炉灶上和烤箱中。

如有需要，新锅在使用前应进行"开锅"。如果你的铸铁平底煎锅还未"开锅"，可以在煎锅内部刷一层薄薄的油，放进预热至 180℃ 的烤箱烤 1 小时左右。然后，用纸巾轻轻擦去多余的油，"开锅"就完成了！往后每次使用铸铁平底煎锅时，倒入的油都会在煎锅里形成一层天然的不粘涂层。一口保养得当的铸铁平底煎锅最终将成为永久性的不粘锅，

而且不再需要额外的养护。清洗铸铁平底煎锅要注意以下事项：使用后要立即用热水冲洗；不建议使用任何清洁剂；如果食物粘在煎锅上，可以用非金属工具轻轻擦洗，再用纸巾或旧洗碗布（铸铁平底煎锅可能导致亚麻布染色，因此最好选用深色洗碗布）擦拭干净。

迷你食物料理机

迷你食物料理机并不是厨房里的必需品，但是我喜欢它的小巧灵活。我会用迷你食物料理机制作沙拉酱或是迅速搅碎几瓣蒜。

刨丝刀或蔬菜螺旋刨丝器

如果你想将西葫芦或胡萝卜这样的食材切成细丝，刨丝刀是一个很实用的工具。但是在用够了刨丝刀后，我购买了一台蔬菜螺旋刨丝器，这是一个小型的手动工具，它可以将西葫芦等蔬菜刨成意大利面条状或细丝带般的条状。我常常在夏天用这种螺旋刨丝器处理西葫芦，然后制作西葫芦"意大利面"（可以浇上第153页的蘑菇番茄酱食用）。炎炎夏日，来一份不含谷物的清爽沙拉吧！

滚轴擀面杖

滚轴擀面杖是一种带短手柄的小型擀面杖（滚轴通常长约12 cm）。我会在制作粗粮条（第203页和第205页）或需要对面团某一小部分进行碾平或按压时使用滚轴擀面杖，因为普通的擀面杖实在太大了。

弹簧按压式冰激凌挖球器

无论是将面糊放入麦芬蛋糕烤盘，还是舀起饼干面团，我都会用这款30 ml的不锈钢冰激凌挖球器。你可以购买一个弹簧按压式挖球器，它可以帮你轻松地挖取面糊或面团。

不锈钢手动打蛋器

对我而言，不锈钢手动打蛋器是厨房里的必备工具。有了打蛋器，你可以通过手动搅拌的方式轻而易举地实现食材的乳化，同时还能解决木勺无法均匀地搅拌面粉的问题。虽然我非常喜欢木勺，但是不得不承认，有时你还是需要一个不锈钢手动打蛋器。

过滤袋

当我第一次使用过滤袋制作杏仁奶（第261页）时，我感到自己制作素食的方式又一次被改变了。过滤袋是一种尼龙网袋，用于过滤自制坚果奶或果汁中的果仁渣与果肉。这种过滤袋可以重复使用（使用后应立即用水冲洗干净），而且过滤效果比细纱布要好得多。如果你暂时不想购买这种过滤袋，试试将细纱布放在细网筛上，也能达到同样的过滤效果。

不锈钢细网筛

不锈钢细网筛是一种带有细网的过滤工具，用途广泛。在使用藜麦或小米等谷物之前，我会用细网筛筛一筛。我也用它来筛面粉、可可粉或糖粉。自制"瑜伽果汁"（第69页）时，如果你喜欢更为细腻的口感，也可以用细网筛将果汁过滤一下。

第一章 早餐

如果我在五年前写这本书，肯定不会有这一章。那时候的我几乎没有吃早餐的习惯，顶多就是胡乱往嘴里塞两口东西。感谢这本书，也感谢我自己，不吃早餐的日子终于离我远去。当我开始将吃早餐的健康习惯融入日常生活中时，我发现自己再也不会忽视早餐的重要性了。

一顿丰盛的早餐不仅可以让我一天都充满活力，也可以提高我的工作效率，而且我喜欢这种感觉——期待醒来就有美食吃。一起动手做早餐吧！忍受一个上午的饥饿实在不好受。在春夏时节，我会选择蔬果昔（第二章）、"超简单纯素燕麦粥"（第27页）、"生荞麦早餐粥"（第42页）等口感较为清爽的食物作为早餐。待天气转凉，我就会选择温热的食物，比如"苹果派燕麦粥"（第46页）。如果你特别在意早餐的口味，你一定要尝试"超可口小扁豆燕麦粥"（第44页）、"炒豆腐配自制烤薯丁和牛油果吐司"（第31页）和"酥脆种子燕麦薄饼"（第39页）。"枫糖肉桂水果烤燕麦"（第37页）则是假期早午餐或周末特色早餐的绝佳选择，我保证你一定不会失望！

超简单纯素燕麦粥

1 量杯（250 ml）无麸质纯燕麦片
1½ 量杯（375 ml）杏仁奶
1/4 量杯（60 ml）奇亚籽
1 根大香蕉，捣成泥状
1/2 茶匙（2 ml）肉桂粉

组装用的其他食材
适量混合的新鲜浆果
适量终极版格兰诺拉麦片（第29页）
适量线麻籽
适量纯枫糖浆或其他甜味食材
（可选）

小贴士

　　如果静置一段时间后，燕麦粥仍然比较稀，可以再加1汤匙（15 ml）奇亚籽，搅拌均匀后将燕麦粥放入冰箱冷藏，直至燕麦粥变浓稠。如果燕麦粥过于浓稠，只须倒入一些杏仁奶，搅拌均匀即可。

　　如果需要，可以在燕麦粥中加入口感较好的蛋白粉，以补充人体所需的蛋白质。

纯素燕麦粥是上班族们的秘密武器，你只须在睡前花几分钟时间就可以把这款粥准备好。我每天晚上都会做这款粥，因为没有什么比清晨喝一碗燕麦粥更让人感觉美好的了。当燕麦片、奇亚籽和杏仁奶充分混合在一起——奇亚籽吸收杏仁奶后变黏稠、燕麦片变软时，燕麦粥就做好了。将燕麦粥放在冰箱里冷藏，第二天清晨起来，喝一碗飘着奶香的清爽冰镇燕麦粥——绝对是春夏完美的早餐。这是我的燕麦粥配方，你也可以选择自己喜欢的水果或其他配料来制作燕麦粥。

3 人份

准备时间：5 分钟

无麸质、无油、生食／免烤、无糖、无大豆

　　1. 将燕麦片、杏仁奶、奇亚籽、香蕉泥和肉桂粉倒入碗中，搅拌均匀。包上保鲜膜，放入冰箱冷藏一整晚，直至燕麦粥变黏稠。

　　2. 次日清晨，取出燕麦粥并再次搅拌。将燕麦粥和新鲜浆果、格兰诺拉麦片、线麻籽和枫糖浆或其他甜味食材（如使用）分层装入罐中或巴菲杯中即可食用。

终极版格兰诺拉麦片

1 量杯（250 ml）生杏仁

1/2 量杯（125 ml）生核桃仁

3/4 量杯（175 ml）无麸质纯燕麦片

1/2 量杯（125 ml）生荞麦米

2/3 量杯（150 ml）混合果干（如蔓越莓干、杏干、樱桃干等）

1/2 量杯（125 ml）生南瓜子

1/4 量杯（60 ml）生葵花子

1/3 量杯（75 ml）无糖椰丝

2 茶匙（10 ml）肉桂粉

1/4 茶匙（1 ml）细海盐

1/4 量杯 + 2 汤匙（共 90 ml）纯枫糖浆或其他液态甜味食材

1/4 量杯（60 ml）液态椰子油

2 茶匙（10 ml）纯香草精

对我来说，制作这款格兰诺拉麦片是一次近乎疯狂的试验。我想研发出一个独特的、不同寻常的格兰诺拉麦片配方。我的目标是制作终极版格兰诺拉麦片。我和我的丈夫吃了好几周制作失败的格兰诺拉麦片，最终我研发出这款完美的格兰诺拉麦片。尽管过程相当艰难，但是总得有人来完成这份工作！以下是制作格兰诺拉麦片的两个小技巧：第一，用带皮杏仁粉作为黏合剂；第二，待格兰诺拉麦片在烤盘上完全冷却后再用重物砸碎或用手掰碎。我知道你肯定觉得很麻烦，但是冷却后的格兰诺拉麦片会变得比较坚硬，如此可以避免食材粘在一起。格兰诺拉麦片烤好后，让其在烤盘内静置 1 小时左右再掰碎。之后，你就可以把这些可口的一口大小的格兰诺拉麦片撒在燕麦粥、巴菲或蔬果昔上并享受美味。当然，把这些格兰诺拉麦片当作零食吃也是一种超棒的享受。这个配方是可以调整的，你可以根据自己的喜好选用不同的坚果、种子、果干和甜味食材。

约 6 量杯

准备时间：15 分钟 · **烹饪时间：**38～45 分钟

无麸质、无精糖、无大豆、无谷物（可选）

1. 将烤箱预热至 140℃，在烤盘上铺一层烘焙纸。

2. 将 1/2 量杯（125 ml）杏仁倒入食物料理机，搅打 10 秒左右，直至杏仁被打成细粉（与沙子的质感相似）。将杏仁粉倒入碗中备用。

3. 将余下的 1/2 量杯（125 ml）杏仁与核桃仁混合后，倒入食物料理机，搅打 5 秒左右，打成均匀的碎粒，混合物中会残留一些较大的颗粒或粉状物质（这正是我们需要的）。将混合物倒入装有杏仁粉的碗中，与杏仁粉充分混合。

4. 将燕麦片、荞麦米、果干、南瓜子、葵花子、椰丝、肉桂粉和盐倒入装有杏仁粉混合物的碗中，搅拌均匀。

5. 将枫糖浆（或其他液态甜味食材）、椰子油和香草精倒入第 4 步的碗中，再次搅拌，直至所有食材充分混合。

6. 用抹刀将混合物盛入烤盘，轻轻压实，使其厚度约为 1 cm。将烤盘放入预热好的烤箱烤 20 分钟，给烤盘转个方向，继续烤 18 ~ 25 分钟或直至格兰诺拉麦片变硬、呈浅浅的金黄色。

7. 将烤好的格兰诺拉麦片取出。冷却至少 1 小时，然后用手掰碎。

8. 将格兰诺拉麦片密封于玻璃瓶里，放入冰箱保存。冷藏条件下，可保存 2 ~ 3 周；冷冻条件下，可保存 4 ~ 5 周。

小贴士

若要制作不含谷物的格兰诺拉麦片，可用 1 量杯（250 ml）坚果碎替换配方中的荞麦米与无麸质纯燕麦片。

炒豆腐配自制烤薯丁和牛油果吐司

烤薯丁

1 个大个的褐色马铃薯，带皮

1 个中等大小的红薯，带皮

1 汤匙（15 ml）葛根粉或玉米淀粉

1/4 茶匙（1 ml）细海盐

1½ 茶匙（7 ml）液态椰子油或葡萄籽油

炒豆腐

2 茶匙（10 ml）特级初榨橄榄油

2 瓣蒜，捣碎

2 个红葱头（切成薄片）或 1/2 量杯（125 ml）洋葱碎

1½ 量杯（375 ml）小褐菇，切成片

1 个红彩椒，去籽、切丁

2 量杯（500 ml）切碎的羽衣甘蓝叶或嫩菠菜

1 汤匙（15 ml）营养酵母（可选）

1/4 茶匙（1 ml）烟熏红椒粉

1 盒（450 g）老豆腐，去水（第271 页）

1/2 茶匙（2 ml）细海盐

适量现磨黑胡椒粉

1/4 茶匙（1 ml）红辣椒面（可选）

牛油果吐司

适量牛油果泥

适量烤吐司（如需要，可选择无麸质吐司）

适量亚麻籽油或特级初榨橄榄油

适量细海盐

适量现磨黑胡椒粉

适量红辣椒面（可选）

搭配（可选）

适量抗流感阳光蔬果昔（第63 页）

适量灿烂清晨蔬果昔（第64 页）

适量鲜橙汁

这道菜非常适合在一个悠闲而美好的周末早晨食用。如果你从未吃过炒豆腐，我可以向你保证，它的味道绝对比你想象的要好很多！豆腐与烟熏红椒粉、营养酵母等调料完美融合，可以打造出一道令人口齿留香的高蛋白素菜，就连我的丈夫埃里克也赞不绝口。我们喜欢用烤薯丁和牛油果吐司搭配着炒豆腐吃，它们总能让我们食指大动。

4 人份

准备时间： 25 分钟 · **烹饪时间：** 45 ~ 60 分钟

无麸质、无坚果、无糖、无谷物（可选）

1. 先制作烤薯丁。将烤箱预热至 220℃，在烤盘上铺一层烘焙纸。

2. 将马铃薯和红薯切成 1 cm 见方或更小的丁。薯丁越小，烹饪所需的时间就越短。

3. 将薯丁、葛根粉（或玉米淀粉）和 1/4 茶匙（1 ml）盐倒入碗中，搅拌均匀。倒入 1/2 茶匙（7 ml）椰子油（或葡萄籽油），再次搅拌，直至食材充分混合。

4. 将薯丁均匀地撒在烤盘里，放入烤箱烤 15 分钟，晃动烤盘，给薯丁翻面，再烤 15 ~ 25 分钟，或直至薯丁的表皮变得酥脆、呈金黄色，里面变得软嫩。

5. 然后制作炒豆腐。在炒锅中倒入 2 茶匙（10 ml）橄榄油，放入蒜末、红葱头片（或洋葱碎）和小褐菇片，以中大火翻炒 5 ~ 10 分钟，直至小褐菇片的水分慢慢收干。加入红彩椒丁、羽衣甘蓝叶（或嫩菠菜）、营养酵母（如使用）和烟熏红椒粉，翻炒均匀。

6. 将去水的豆腐切块或切丁，倒入锅中，翻炒均匀。

调至中火炒约 10 分钟。根据个人口味，加入 1/2 茶匙（2 ml）盐、适量黑胡椒粉和 1/4 茶匙（1 ml）红辣椒面进行调味。如果太干，可添加少许蔬菜汁并适当调节火力。

7. 最后制作牛油果吐司。将牛油果泥抹在烤吐司表面，淋上适量亚麻籽油（或特级初榨橄榄油）。加入适量盐、适量黑胡椒粉和适量红辣椒面（如使用）进行调味。

8. 将烤薯丁、炒豆腐和吐司装盘。可搭配"抗流感阳光蔬果昔"（第 63 页）、"灿烂清晨蔬果昔"（第 64 页）或鲜橙汁食用。

小贴士

如果炒豆腐还剩下一些，搭配皮塔饼、少许萨尔萨辣酱和牛油果，就可以当一顿工作午餐。如果想吃一顿不含谷物的早餐，可以不做牛油果吐司。你也可以尝试用欧防风代替马铃薯，同样非常好吃。

温泉日什锦早餐

2 个中等大小的苹果，去皮、去核

1 量杯（250 ml）无麸质纯燕麦片

1 量杯（250 ml）杏仁酸奶或椰子酸奶

2 汤匙（30 ml）生南瓜子

2 汤匙（30 ml）葡萄干

2 汤匙（30 ml）蔓越莓干

组装用的其他食材

适量新鲜时令水果（除苹果外）

适量杏仁片或其他坚果（根据喜好，也可选择烤制的坚果）

适量纯枫糖浆

适量肉桂

你是否曾经幻想过在家里舒舒服服地享受一次水疗？温泉日什锦早餐将帮你实现梦想！你只须在睡前花几分钟的时间，就可以做出一顿既健康又让人饱腹的早餐。当你睡觉时，燕麦和酸奶也在冰箱里相互融合——酸奶会软化燕麦片，二者的味道充分融合在一起后，一碗浓醇香甜的冰镇燕麦粥就做好了。次日清晨，你只须撒上一些坚果、水果等你喜欢的配料，便可大快朵颐。呵护健康，从一碗什锦早餐开始！你可以根据自己的喜好更换配方中的配料，例如可以用核桃仁代替杏仁，可以用葵花子、芝麻、奇亚籽或亚麻籽来代替南瓜子。时令水果是必不可少的，它可以为什锦早餐增添一抹淡淡的天然果香。

2 ~ 3 人份

准备时间： 10 分钟

无麸质、无油、生食 / 免烤、无大豆

1. 一个苹果切丁，另一个苹果刨丝。将苹果倒入碗中，加入燕麦片、酸奶、南瓜子、葡萄干和蔓越莓干，然后搅拌均匀。

2. 将混合物密封，放入冰箱冷藏一整晚或至少 2 小时，直至燕麦片变得软糯。

3. 将燕麦粥倒入碗中，加入新鲜水果（除苹果外）、杏仁片（或其他坚果）、枫糖浆和肉桂即可食用。

4. 若燕麦粥还剩下一些，可装入密封容器内放入冰箱保存。冷藏条件下，可保存 3 ~ 4 天。

枫糖肉桂水果烤燕麦

2¼量杯（565 ml）无麸质纯燕麦片

2汤匙（30 ml）椰子花糖、黑糖或红糖

2茶匙（10 ml）肉桂粉

1茶匙（5 ml）泡打粉

1/2茶匙（2 ml）生姜粉

1/2茶匙（2 ml）细海盐

1/2茶匙（2 ml）现磨肉豆蔻粉或1/4茶匙（1 ml）肉豆蔻粉

2量杯（500 ml）无糖杏仁奶

适量无糖杏仁奶（可选）

1/2量杯（125 ml）无糖苹果酱

1/4量杯（65 ml）纯枫糖浆

适量枫糖浆（可选）

2茶匙（10 ml）纯香草精

2个苹果，去皮、切丁

1个成熟的梨，去皮、切丁

1/2量杯（125 ml）核桃仁碎（可选）

烤燕麦是我最喜欢的周末懒人早餐之一。苹果、调料和梨的组合将为你的寒冷冬日带来阵阵温暖。尝试用青苹果与姬娜果一同制作烤燕麦，酸酸甜甜的滋味令人叫绝。我喜欢把这款早餐当作假期的早午餐。为了节省时间，我会提前一个晚上将所有食材放入烤盘中并放入冰箱冷藏。次日清晨，我就可以直接将烤盘放入烤箱进行烘烤（见第38页的小贴士）。如果搭配"椰香掼'奶油'"（第266页），这款烤燕麦也可以作为健康的午间点心或甜品。如果你想尝试创新，可以用两根成熟的大香蕉代替苹果，用1½量杯（375 ml）蓝莓代替成熟的梨。

6 人份

准备时间：25 ~ 30 分钟 · 烹饪时间：35 ~ 45 分钟

无麸质、无油、无精糖、无大豆

1. 将烤箱预热至190℃，在烤盘（2 ~ 2.5 L）内轻轻抹一层薄薄的油。

2. 将燕麦片、糖、肉桂粉、泡打粉、生姜粉、盐和肉豆蔻粉放入碗中，搅拌均匀。

3. 另取一个碗，将2量杯（500 ml）杏仁奶、苹果酱、1/4量杯（65 ml）枫糖浆和香草精倒入碗中，搅拌至充分混合。

4. 将液体混合物倒入燕麦混合物中，再次搅拌均匀，直至混合物变得浓稠。加入苹果丁与梨丁并搅拌均匀。

5. 将混合物舀入烤盘，抹平表面。撒上核桃仁碎（如使用），用手轻轻按入混合物中。

6. 无须加盖，直接将烤盘放入烤箱，烤35 ~ 45 分钟，或直至混合物边缘开始冒泡，而且苹果可轻易被叉子插入。

7.将烤燕麦取出并冷却5～10分钟。可根据个人喜好,再加入适量杏仁奶和适量枫糖浆。

8.冷藏或冷冻前,应将烤燕麦包好并保存于密封容器内。冷藏条件下,可保存5～6天;冷冻条件下,可保存2～3周。

小贴士

这款早餐冷食热食均可,既可以作为冬日的暖心早餐,也可以从冰箱取出直接食用。

为了节省早晨宝贵的时间,我会提前一晚将混合物放入烤盘密封并放入冰箱冷藏。次日清晨,预热烤箱,取出混合物,揭开保鲜膜,轻轻搅拌一下,让食材充分混合。抹平混合物表面,按要求进行烘烤即可。

酥脆种子燕麦薄饼

种子配料

4 茶匙（20 ml）生南瓜子

1 汤匙（15 ml）生葵花子

1/2 茶匙（2 ml）奇亚籽

1/2 茶匙（2 ml）芝麻

薄饼

3/4 量杯（175 ml）无麸质纯燕麦片

1/2 量杯（125 ml）生荞麦米

1/4 量杯（60 ml）生葵花子

1 汤匙（15 ml）奇亚籽

1½ 茶匙（7 ml）细砂糖

1 茶匙（5 ml）干牛至

1/4 茶匙（1 ml）干百里香

1/4 茶匙（1 ml）泡打粉

1/4 茶匙（1 ml）大蒜粉

1/4 茶匙（1 ml）细海盐

1 量杯（250 ml）无糖原味植物奶

1 汤匙（15 ml）液态椰子油或橄榄油

组装用的其他食材

适量有机香草蔬菜味海盐或细海盐，用于撒在食物表面

这款燕麦薄饼不含麸质与酵母，你可以在短短几分钟内把所有食材组装在一起。与膨松的普通面包相比，此款薄饼紧实而有嚼劲，可充饥，也非常适合放入多士炉烘烤。酥脆的种子不仅为此款燕麦薄饼增加了健康的油脂，还丰富了薄饼的口感。燕麦薄饼富含蛋白质和纤维素，能为你提供充足的能量！烤一块燕麦薄饼，搭配牛油果和番茄，或搭配坚果酱和果酱，开启你全新的一天！

4 人份

准备时间：10 分钟 · 烹饪时间：25 ~ 30 分钟

无麸质、无大豆

1. 将烤箱预热至 180℃，在 2.5 L 的方形烤盘中抹一层薄薄的油。在烤盘左右两侧各铺上一张烘焙纸。

2. 先制作种子配料。取一个小碗，将南瓜子、葵花子、奇亚籽与芝麻倒入碗中，搅拌均匀。放在一旁备用。

3. 再制作薄饼。将燕麦片与荞麦米倒入破壁料理机，高速搅打 5 ~ 10 秒，直至呈粉末状。

4. 将粉状混合物、葵花子、奇亚籽、糖、牛至、百里香、泡打粉、大蒜粉和 1/4 茶匙（1 ml）盐倒入大碗中，充分搅拌。

5. 加入植物奶与油，继续搅拌至混合物无结块，立即倒入烤盘中，用抹刀将表面抹平。

6. 将种子配料与适量有机香草蔬菜味海盐（或细海盐）撒在混合物表面。用手将种子轻轻按入混合物中。

7. 无须加盖，将烤盘放入烤箱烤 25 ~ 30 分钟，直至薄饼变硬。

8.取出烤盘，放到冷却架上，冷却 15 分钟。将薄饼取出并放在干净的厨房操作台上，用比萨轮刀均匀地切成 4 块（或任意数量）。

9.将薄饼装入密封容器内，放入冰箱保存。冷藏条件下，至多可保存 2 天；冷冻条件下，至多可保存 2 周。

小贴士

这款薄饼香脆可口，令人回味无穷，我喜欢搭配葵花子和果酱食用！

生荞麦早餐粥

1 量杯（250 ml）生荞麦米
1/2 量杯（125 ml）杏仁奶
1 汤匙（15 ml）奇亚籽
1/2 茶匙（2 ml）纯香草精
2 汤匙（30 ml）液态甜味食材
1/2 茶匙（2 ml）肉桂粉

组装用的其他食材（可选）
适量新鲜水果和 / 或果干
适量坚果碎或种子
适量魔法奇亚籽果酱（第 273 页）
适量坚果或种子酱
适量烤无糖椰丝
适量终极版格兰诺拉麦片（第 29 页）
适量奇亚籽或亚麻籽粉

生荞麦早餐粥是我最喜爱的早餐之一（当然，我的最爱有很多），其配方也是我博客上最受欢迎的早餐配方之一。浸泡后的生荞麦米不仅易于消化，而且软糯可口。配上杏仁奶、甜味食材、香草精和肉桂粉，一碗好吃的生荞麦早餐粥便大功告成了。如果你需要一份外带早餐，只须将早餐粥倒入保温桶，撒上一些喜欢的配料，盖好盖子，再将保温桶和汤匙放入包中即可。或者你可以在睡前将早餐粥准备好，次日早晨，只须拎起包就可以出门。现在，你还有什么理由拒绝这款生荞麦早餐粥呢？

2 人份

准备时间：10 分钟 · 浸泡时间：一整晚或 1 小时

无麸质、无油、生食 / 免烤、无大豆、无精糖

1. 将生荞麦米放入小碗中，倒水，直至荞麦米被水完全覆盖。室温条件下，浸泡一整晚或至少 1 小时。浸泡后的生荞麦米会变得黏稠，这是正常现象。将生荞麦米放入滤网中沥干并用流水冲洗至少 1 分钟。这有助于去除生荞麦米浸泡时所产生的黏膜。

2. 将生荞麦米放入搅拌器（或食物料理机），加入杏仁奶、香草精和 1 汤匙（15 ml）奇亚籽，搅打至充分混合，并呈奶昔状。加入甜味食材和肉桂粉，再次搅打均匀。

3. 将早餐粥倒入小碗或巴菲杯中，撒上你喜欢的配料。

4. 若早餐粥还剩下一些，可装入密封容器或玻璃罐中。冷藏条件下，可保存 3 ~ 4 天。

超可口小扁豆燕麦粥

1/3 量杯（75 ml）无麸质纯燕麦片

1/4 量杯（60 ml）红小扁豆

1½ ~ 1¾ 量杯（365 ~ 425 ml）蔬菜汤

1 小瓣蒜（可选），捣碎

1 小个红葱头（可选，切碎）或 2 ~ 3 汤匙（30 ~ 45 ml）洋葱碎

适量细海盐

适量现磨黑胡椒粉

组装用的其他食材（可选）

适量切成片的牛油果

适量萨尔萨辣酱

适量切碎的小葱

适量经典鹰嘴豆泥（第 86 页）或盒装鹰嘴豆泥

适量薄脆饼干

小贴士

若要制作无谷物的燕麦粥，可用 1/3 量杯（75 ml）的红小扁豆代替配方中的燕麦片。

如果你早餐想吃偏甜的食物，这款小扁豆燕麦粥一定不会让你失望。如果你从未吃过燕麦粥，那我强烈推荐你试试这款燕麦粥。为了增加粥中蛋白质的含量，我特意选了红小扁豆作为食材之一。红小扁豆所需的烹饪时间极短，所以往燕麦粥中加红小扁豆并不会增添太多麻烦。此外，红小扁豆中所含的蛋白质可以令你充满能量与活力。你还可以添加自己喜欢的配料，我个人比较喜欢的配料有鹰嘴豆泥、萨尔萨辣酱、薄脆饼干、牛油果等。根据自己的心情制作不同的早餐，这听起来非常有趣！如果你不想在早餐时段花心思做一道这样的菜，你也可以将它作为能快速做好又可口的午餐。

2 人份

准备时间： 10 ~ 15 分钟 · **烹饪时间：** 8 ~ 12 分钟

无麸质、无坚果、无油、无大豆、无糖、无谷物（可选）

1. 将燕麦片、小扁豆、蔬菜汤、蒜（如使用）和红葱头碎或洋葱碎（如使用）放入平底深锅中。以中大火加热至沸腾，转为中小火（无须加盖）继续煮 8 ~ 12 分钟或直至燕麦粥变得浓稠。加入盐和黑胡椒粉调味。

2. 将燕麦粥倒入碗中，加入自己喜欢的配料即可食用。

3. 若燕麦粥还剩下一些，可装入密封容器内。冷藏条件下，可保存 2 ~ 3 天。重新加热时，只须将燕麦粥与一点儿蔬菜汤混合并倒入平底深锅中，以中小火煮沸即可。

苹果派燕麦粥

1/3 量杯（75 ml）无麸质纯燕麦片

1 个中等大小的姬娜果，去皮、去核，切成 2.5 cm 见方的丁

1 汤匙（15 ml）奇亚籽

1/2 量杯（125 ml）无糖苹果酱

1 量杯（250 ml）杏仁奶

1 茶匙（5 ml）肉桂粉

1/4 茶匙（1 ml）生姜粉

1 把细海盐

1/2 茶匙（2 ml）纯香草精

1 汤匙（15 ml）纯枫糖浆

组装用的其他食材
1 汤匙（15 ml）核桃仁碎

1 汤匙（15 ml）线麻籽

少许肉桂粉

1 把无糖椰丝

适量纯枫糖浆

适量苹果片

吃了这款早餐会让你回忆起苹果派的香甜滋味，还会让你精力充沛，时刻准备好迎接全新的一天。我喜欢用姬娜果作为这款早餐的食材，但是你也可以选择自己喜欢的苹果品种。

1 人份

准备时间：15 分钟 · **烹饪时间：**8 ~ 10 分钟

无麸质、无油、无精糖、无大豆

1. 将燕麦片、姬娜果丁、奇亚籽、苹果酱、杏仁奶、1 茶匙（5 ml）肉桂粉、生姜粉和盐放入平底深锅中，搅拌均匀。以中火加热至微微沸腾，转为小火炖 8 ~ 10 分钟。其间，须不时搅动，以免煳锅。

2. 待混合物变得浓稠、水分逐渐收干时，关火，把锅从炉灶上端下来。可根据个人口味，加入香草精和 1 汤匙（15 ml）枫糖浆。

3. 将燕麦片倒入碗中，撒上核桃仁碎、线麻籽、少许肉桂粉、椰丝，倒入适量枫糖浆，放上苹果片即可食用。

奇亚籽能量甜甜圈

3/4 量杯（175 ml）无麸质燕麦粉

1/2 量杯（125 ml）奇亚籽

1½ 茶匙（7 ml）泡打粉

1/4 茶匙（1 ml）细海盐

1/4 茶匙（1 ml）肉桂粉

1/3 量杯（75 ml）纯枫糖浆或其他液态甜味食材

1/3 量杯（75 ml）植物奶

1 茶匙（5 ml）纯香草精

组装用的其他食材
适量椰香柠檬掼"奶油"（第267 页）

小贴士

如果你没有甜甜圈烤盘，不用担心——麦芬模也可以！

这个配方可以证明：并不是所有的甜甜圈都有害健康。奇亚籽甜甜圈富含抗氧化物质、ω–3 脂肪酸、蛋白质和膳食纤维，让你拥有战胜整日疲劳乃至全世界的能量。不同于那些轻飘飘的油炸甜甜圈，这款甜甜圈口感紧实，可充饥，且外皮酥脆。当然，这都要归功于奇亚籽的神奇魔力。我通常会搭配一些椰香柠檬掼"奶油"，尽管有一些脂肪，但仍然很健康。甜甜圈与果酱或坚果酱也是绝配。你可以根据个人喜好进行搭配。

6 个

准备时间：10 分钟 · 烹饪时间：22 ~ 26 分钟

无麸质、无坚果、无油、无大豆、无精糖

1. 将烤箱预热至 150℃，在 6 格甜甜圈烤盘中抹一层油，放在一旁备用。

2. 将燕麦粉、奇亚籽、泡打粉、盐和肉桂粉倒入碗中，搅拌均匀。

3. 加入枫糖浆（或其他液态甜味食材）、植物奶和香草精，继续搅拌至充分混合。如果混合物太稀，不用担心，这是正常的现象。

4. 将混合物倒入甜甜圈烤盘中，直至填满每个凹格。

5. 将烤盘放入烤箱烤 22 ~ 26 分钟，直至甜甜圈变硬。用牙签插入甜甜圈，拔出时，牙签上无面糊带出即可出炉。

6. 冷却 10 分钟左右，将甜甜圈小心地倒在冷却架上。烤熟的甜甜圈是可以从烤盘中自行脱落的。如果甜甜圈没有自行脱落，可再等待几分钟，然后用黄油刀沿着甜甜圈底部的边缘划一圈助其脱落。

7. 在甜甜圈表面淋上椰香柠檬掼"奶油"即可享用。你也可以将掼"奶油"作为蘸酱。

第二章　蔬果昔、果汁和茶

2009 年，当我和埃里克收到我们的结婚礼物——破壁料理机之后，我便开始尝试制作蔬果昔。那个时候，我并不太喜欢蔬果昔，所以我花了好几个月的时间才渐渐适应这种饮品。然而，一旦习惯后，我便彻底爱上了它。我不曾料到，一台破壁料理机会对我的素食人生产生如此大的影响。我试着将各种绿色蔬菜和水果放入破壁料理机中，因而喝过各种奇怪的蔬果混合物。当然，并不是所有的食材都适合搭配在一起，我也失败过很多次。幸运的是，我制作蔬果昔的技艺越来越高超，我也开始喜欢这些混合了各种蔬果的饮料。如果你想要迅速补充能量，再没有比饮用一杯蔬果昔更好（或更快）的方法了！

在制作蔬果昔前做一些准备工作，我们便可以简化整个制作过程。每个周末，我都会将香蕉去皮、切丁并保存于冰箱冷冻室中，作为备用食材。你可以选择自己喜欢的食材，比如芒果、各种浆果或菠萝，以相同的方法进行处理和储存。当然，你也可以直接购买冷冻水果以节省时间。另一个省事的办法是，将大量绿色蔬菜（比如羽衣甘蓝、菠菜等）洗净并保存在冰箱冷冻室中，这样，当你需要使用这些食材时，它们仍然是新鲜的。

我喜欢每天都喝一杯蔬果昔。如今的我，已经无法想象没有蔬果昔的生活了。无论你喜欢蔬果昔、茶水还是果汁，总能在本章中找到适合自己的配方："好心情巧克力蔬果昔"（第 59 页）、"排毒养颜柑橘茶"（第 71 页）……为我们的健康和好气色干杯吧！

经典绿怪物

1 量杯（250 ml）杏仁奶或其他植物奶

1 量杯（250 ml）切碎的羽衣甘蓝叶或嫩菠菜

1 根成熟的香蕉，去皮、冷冻

2 ~ 3 块冰块

1 汤匙（15 ml）杏仁酱或花生酱

1 汤匙（15 ml）纯奇亚籽或亚麻籽粉

1/4 茶匙（1 ml）纯香草精

1 撮肉桂粉

适量蛋白粉（可选）

小贴士

可以制作双份绿怪物蔬果昔，并将另一份装入玻璃罐内，保存在冰箱的冷藏室中，便于第二天饮用。如果早晨时间较为匆忙或前一晚有客人留宿家中，我便会选择在睡前制作蔬果昔并将它们保存在冰箱的冷藏室中，作为次日清晨的早餐饮品。没有人希望被搅拌器的声音吵醒，包括我的猫咪在内。

也可以用椰奶和葵花子酱分别代替杏仁奶和坚果酱。

在蔬果昔中加入绿色元素是时下的一种潮流。回想 2009 年，当我第一次在蔬果昔中加入菠菜时，博客读者、我的家人以及同事们都诧异不已，同时也对这款长相奇怪、带给我无限能量的饮品感到好奇。当然，一开始的制作并不顺利，成品的颜色也确实有些吓人。正因为如此，我将这款饮品称之为"绿怪物"。经过多次的尝试，我终于找到了完美的蔬果组合。我在博客上与读者们分享了"绿怪物"的配方以及我对它的爱意。我从没想过"绿怪物"会引起如此大的轰动，不久之后，来自世界各地的读者都将他们自制的绿颜色蔬果昔拍成照片发给了我。到目前为止，"绿怪物"仍然是我最喜欢的健康饮品之一，它让我的皮肤充满光泽，让我的身体充满能量。如果你是制作蔬果昔的新手，我建议你从嫩菠菜下手，因为它的味道较淡，不易察觉。当然，我也鼓励你尝试使用羽衣甘蓝、罗马生菜或其他绿色蔬菜。如果你选择的绿色蔬菜较大，应使用破壁料理机进行搅打。

至于那些无法接受绿颜色饮品的读者，只须在配方中加入 1/2 量杯（125 ml）冷冻或新鲜蓝莓，"绿怪物"就会摇身一变，成为漂亮的"紫粉佳人"了。

1 份（1½ ~ 2 量杯 /375 ~ 500 ml）

准备时间：5 分钟

无麸质、无油、生食 / 免烤、无糖、无大豆、无谷物

1. 将所有食材倒入破壁料理机，搅打至细滑。

2. 立即食用。享受时刻充满能量的感觉！

亮闪闪清爽绿怪物

1/2量杯（125 ml）西瓜丁（可选，但推荐）

1～1½量杯（250～365 ml）切碎的嫩菠菜或其他绿色蔬菜

1量杯（250 ml）椰汁或饮用水

1个大个的甜苹果（如姬娜果或蜜脆苹果）

3汤匙（45 ml）牛油果

1～2汤匙（15～30 ml）新鲜绿柠檬汁（适量）

5～10片大的薄荷叶（适量）

5块大冰块

装饰
少许绿柠檬片

可以提神的薄荷叶、口感绵密的牛油果和香味沁人心脾的柠檬制成的蔬果昔，就像杯中的一场蔬果派对。这款完美的提神饮品足以说服所有怀疑绿颜色蔬果昔的味道的人。邀请你的朋友来家中品尝这款"绿怪物"，一同为健康和好气色举杯吧！如果你认为它的味道过于浓郁，可以加入一些气泡水（或白朗姆酒），这是亮闪闪清爽绿怪物之外的另一种选择。

1 份（3 量杯 /750 ml）

准备时间：5 分钟

无麸质、无油、生食／免烤、无大豆、无糖、无谷物、无坚果

1. 将西瓜丁（如使用）放入冰箱冷冻一整晚或直至西瓜丁冻硬。

2. 将所有食材放入破壁料理机中，搅打至细滑。将蔬果昔倒入玻璃杯中，为绿颜色饮品干杯吧！

3. 可用绿柠檬片做装饰。

小贴士

如果用饮用水代替椰汁，或许需要加入少许液态甜味食材，为饮品增添一些甜味。

好心情巧克力蔬果昔

2 量杯（500 ml）杏仁奶

1/4 量杯（60 ml）牛油果

2 汤匙（30 ml）无糖可可粉

1 茶匙（5 ml）纯香草精

1 小撮细海盐

4~6 颗中等大小的帝王椰枣（适量）

4~6 块冰块

1/4 茶匙（1 ml）浓缩咖啡粉（可选）

小贴士

可以使用咖啡冰块代替普通冰块。咖啡冰块可以为这款蔬果昔带来惊艳的摩卡口味，足以与高档咖啡店的流行饮品媲美！

可以将剩余的牛油果放入冰箱，以备下次使用。冷冻条件下，牛油果可保存 1~2 周。

如果椰枣过硬，请务必先用水浸泡，软化后再使用。

若要制作不含坚果的巧克力蔬果昔，可用不含坚果的植物奶（例如椰奶）代替杏仁奶。

还有什么食物比巧克力更令人愉悦？我认为没有！牛油果不仅含有大量的健康油脂，同时能给蔬果昔增加奢华的、奶油般的质感。经多次试验，我找到了这款蔬果昔合适的浓度及口味，并且发现，加入 1/4 量杯（60 ml）牛油果后，味道堪称完美！如果你无法接受牛油果，可以用一根冷冻香蕉代替。浅棕色的蔬果昔可以很好地掩盖菠菜的颜色，因此，如果你想要在蔬果昔中偷偷加一些绿色蔬菜，这款蔬果昔绝对是你的理想选择。你的孩子或配偶应该不会察觉（如果这是一本有声读物，你现在应该会听到我在"咯咯"地笑）。你也可以加入 1 汤匙（15 ml）花生酱或杏仁酱，为这款蔬果昔增添一抹新意。

2 份（2 量杯 / 500 ml）

准备时间：5 分钟

无麸质、无油、生食 / 免烤、无大豆、无糖、无谷物、无坚果（可选）

1. 将杏仁奶、牛油果、可可粉和香草精倒入破壁料理机，调至高速搅打至所有食材充分混合。

2. 加入盐、椰枣、冰块和咖啡粉（如使用），再次搅打至细滑。

上一页图片中的饮品从前至后依次为：

健身达人蔬果昔

好心情巧克力蔬果昔

丝绒南瓜派蔬果昔

丝绒南瓜派蔬果昔

1 量杯（250 ml）杏仁奶

2 汤匙（30 ml）无麸质纯燕麦片

1/2 量杯（125 ml）纯南瓜罐头

1/2～1 茶匙（2～5 ml）黑糖蜜
（适量）

1/2 根大香蕉，冷冻

1 茶匙（5 ml）肉桂粉

1/4 茶匙（1 ml）生姜粉

1/8 茶匙（0.5 ml）现磨肉豆蔻粉

4～5 块冰块

1 汤匙（15 ml）纯枫糖浆

组装用的其他食材（可选）

少许肉桂粉

适量椰香掼"奶油"（第 266 页）

每到十月，我都会疯狂地爱上南瓜。我的这种状态会持续近两个月，而在一年中其他时间里，我都不想再和它有任何关系。真是可爱又可怜的南瓜！在这两个月的时光里，我对这款南瓜派蔬果昔欲罢不能。每份南瓜蔬果昔含有 1/2 量杯（125 ml）南瓜，有喷香的南瓜派的口味，且富含大量维生素 A、维生素 C 和膳食纤维。新鲜成熟的南瓜和胡桃南瓜同样适用于这款饮品。如果你家中正巧有一些新鲜的南瓜，不妨试着制作一份南瓜派蔬果昔。

1 份（2 量杯 /500 ml）

准备时间：10 分钟

无麸质、无油、生食 / 免烤、无大豆、无精糖、无谷物（可选）、无坚果（可选）

1. 将杏仁奶、燕麦片、南瓜罐头、黑糖蜜、香蕉、1 茶匙（5 ml）肉桂粉、生姜粉与肉豆蔻粉倒入破壁料理机中。高速搅打至细滑。加入冰块，继续搅打至混合物变得冰凉。

2. 加入枫糖浆，搅拌均匀。

3. 食用时可根据个人口味加入椰香掼奶油与少许肉桂粉。

小贴士

如果破壁料理机难以打碎燕麦片，可以先将燕麦片和杏仁奶倒入料理机，搅拌后静置 10～15 分钟。燕麦片软化后，再继续按正常的步骤制作。如此便解决了搅打不顺畅的问题。

若要制作不含谷物的蔬果昔，可不加燕麦片。

若要制作不含坚果的蔬果昔，可使用不含坚果的植物奶（例如椰奶）代替杏仁奶。

健身达人蔬果昔

1量杯（250 ml）杏仁奶

2汤匙（30 ml）无麸质纯燕麦片

2~3颗去核帝王椰枣（适量）

1汤匙（15 ml）奇亚籽

1汤匙（15 ml）花生酱或杏仁酱

1/4~1/2茶匙（1~2 ml）肉桂粉（适量）

1/4茶匙（1 ml）纯香草精

4~5块冰块

每当我想做一款值得炫耀的自创蔬果昔时，我就会想到混合着花生酱、肉桂与帝王椰枣的健身达人蔬果昔。浓香花生酱和杏仁奶相结合后，再加入散发着丝丝甜蜜的帝王椰枣，一款绝妙的饮品就诞生了。这款蔬果昔本身含有超过8g的蛋白质，如果你再加入1勺香草蛋白粉，蔬果昔的蛋白质含量将高达20g，这绝对是极好的运动饮料，有助于运动后的能量恢复。

1 份 （1¾ 量杯 / 425 ml）

准备时间：5分钟

无麸质、无油、生食/免烤、无大豆、无糖、无谷物（可选）

将所有食材放入破壁料理机，搅打至充分混合即可。

小贴士

如果破壁料理机难以打碎燕麦片和帝王椰枣，可以先将燕麦片、帝王椰枣和杏仁奶倒入搅拌器内，搅拌后静置10~15分钟。食材软化后，再继续按照正常的步骤制作。如此便解决了搅拌不顺畅的问题。

可使用不含坚果的植物奶（例如椰奶）和葵花子酱分别代替杏仁奶和花生酱。

若要制作不含谷物的蔬果昔，可不加燕麦片。

抗流感阳光蔬果昔

2个中等大小的无籽脐橙，去皮

2汤匙（30 ml）新鲜黄柠檬汁（或适量）

1茶匙（5 ml）擦碎的去皮新鲜生姜（或适量）

1~3茶匙（5~15 ml）纯枫糖浆（适量）

3~5块冰块

1撮卡宴辣椒粉（可选）

我是在一次重感冒时发明了这款鲜黄色的蔬果昔，当时的我多么希望自己能快点儿好起来。富含抗氧化营养素的柑橘类水果与新鲜生姜搭配，可以治好任何感冒。如果你和当时的我一样急于康复，还可以添加一些卡宴辣椒粉，这会立刻让你神清气爽、呼吸舒畅！据说，卡宴辣椒粉还能促进人体的新陈代谢。

1 份（1¾ 量杯 / 425 ml）

准备时间： 10分钟

无麸质、无坚果、无油、生食／免烤、无大豆、无精糖、无谷物

将所有食材倒入破壁料理机，搅打至细滑。喝一杯，你就会感觉好很多！

小贴士

如果你想要饮用温热的蔬果昔，就不要加冰块，高速持续搅打食材几分钟，直至料理机电机产生的热量使蔬果昔变热。

加入一些羽衣甘蓝或菠菜，这款抗流感阳光蔬果昔将更有营养！

上一页图片中的饮品从前至后依次为：

抗流感阳光蔬果昔

灿烂清晨蔬果昔

热带风情绿怪物

灿烂清晨蔬果昔

1 量杯（250 ml）新鲜或冷冻草莓，去蒂

1 根冷冻香蕉，切块

1/3 量杯（75 ml）鲜橙汁

1/3 量杯（75 ml）椰汁或饮用水

1/4 茶匙（1 ml）纯香草精（可选）

3～5 块冰块

可以说，我的丈夫埃里克是相当专业的蔬果昔鉴赏家，至少他在我设计蔬果昔这一章的过程中是鉴赏家。我为了写这本书曾想要挑战自我——试着研发一款令埃里克爱不释手的蔬果昔，但是我不得不承认，在获得他的最终认可之前，我尝试了无数次。就在我几乎要彻底放弃的时候，奇迹发生了。埃里克无可救药地爱上了这款由草莓、香蕉、橙汁、香草精等制作而成的深粉色蔬果昔。这个组合并不复杂，但埃里克就是一个简简单单的人！你可以将这款蔬果昔作为星期天的早午餐饮品。如果家里来客人了，你只须根据访客人数增加配方中的食材用量即可。

1 份（2 量杯 / 500 ml）

准备时间： 5 分钟

无麸质、无坚果、无油、生食 / 免烤、无大豆、无糖、无谷物

将所有食材倒入破壁料理机，搅打至细滑即可。你可以将切成片的橙子夹在瓶口上做装饰。

热带风情蔬果昔

1 量杯（250 ml）椰汁或饮用水

1 量杯（250 ml）切碎的羽衣甘蓝叶或嫩菠菜

1 量杯（250 ml）切块的冷冻芒果或 1 个切块的新鲜芒果

1/2 量杯（125 ml）新鲜或冷冻菠萝块

1~2 汤匙（15~30 ml）新鲜绿柠檬汁（适量）

1 茶匙（5 ml）剁碎的去皮新鲜生姜

适量液态甜味食材（可选）

适量冰块（可选）

如果你没有时间度假，却仍然渴望体验一下热带风情，这款混合了椰汁、芒果、菠萝与柠檬的蔬果昔可以满足你的需要。喝一口热带风情蔬果昔，闭上双眼，此刻，你就会有置身于阳光明媚的白色沙滩的感觉。如果享用这款蔬果昔后你就有了度假后的好心情，不用太惊讶！

1 份（2 量杯 / 500 ml）

准备时间：5 分钟

无麸质、无油、生食 / 免烤、无大豆、无精糖、无谷物、无坚果

将所有食材放入破壁料理机，搅打至细滑。在瓶口夹一片绿柠檬做装饰，让我们开派对吧！

健康疗愈南非国宝茶

4 量杯（1 L）净化水

4 茶匙（20 ml）散装南非茶或 4
个南非茶包

1～2 片黄柠檬，去籽

1 块 2.5～5 cm 长的姜黄根，去
皮、切薄片

1 块 5～8 cm 长的新鲜生姜根，
去皮、切薄片

适量甜味食材（可选）

小贴士

　　不需要削皮器，用葡萄柚匙就可以很容易地去除生姜和姜黄根的外皮。

　　你可以保留余下的固体物质，并可根据需要，适当添加茶叶或茶包和水，在当天煮出更多的南非国宝茶。放了一整天的固体物质应该扔掉，不可再用。

　　煮茶时，可加入少许胡椒粉，有助于人体吸收姜黄根的营养。

2013 年初，我突然得了一种奇怪的过敏症。查阅了大量治疗过敏的天然食疗方案后，我找到了南非国宝茶。鉴于南非国宝茶具有抗过敏的特性，我决定试试这种带有自然清甜味的茶叶。煮茶时，我会加入新鲜的姜黄根、柠檬、生姜等各种食物。尽管我至今没有搞清楚过敏的真正原因，但是我非常喜欢这款茶，每隔一段时间就会煮一些。将南非国宝茶作为你的日常饮品，开启疗愈之旅！

4 量杯（1 L）

准备时间：5 分钟 · 烹饪时间：10 分钟

无麸质、无坚果、无油、无大豆、无精糖、无谷物

　　1. 取一口中号平底深锅，将水、茶叶（或茶包）、柠檬片、姜黄根片和生姜片倒入锅中。以中大火煮沸，转至中小火煨 10 分钟。如果你希望茶味更浓，可延长煨的时间。

　　2. 将细孔滤网置于碗上，透过滤网倒入煮好的茶。根据个人喜好，可加入甜味食材并搅匀。煮好的茶应立即饮用。将余下的茶保存于冰箱内，冷藏后的南非国宝茶也别有一番风味。

瑜伽果汁

2量杯（500 ml）日常绿颜色果汁

1根英国无籽黄瓜，去皮、切块

4片小的羽衣甘蓝叶，切碎

1个甜苹果，去核、切块

1个成熟的梨，去核、切块

1~2汤匙（15~30 ml）新鲜黄柠檬汁（适量）

2~3量杯（500~750 ml）甜菜根汁

1根英国无籽黄瓜，去皮、切块

1个小的或中等大小的甜菜根，去皮、切块

1根小的或中等大小的胡萝卜，去皮、切块

1~2汤匙（15~30 ml）新鲜黄柠檬汁（适量）

1个小苹果（可选），去核、切块

我曾经有一台榨汁机，我很享受用榨汁机随时制作新鲜果汁的乐趣。然而，清洗榨汁机实在令人讨厌。大家都觉得我有点儿小题大做了，但是我却不这么认为。又或者，我是一个不折不扣的大懒虫！搬家后，厨房的空间变得更小了，我只好将榨汁机送人。从那时起，我发现了一种自制新鲜果汁的好方法，制作果汁的工具也很容易清洗。你只须准备一台搅拌器和一只过滤袋（第22页）或细孔滤网。下面我将介绍果汁的制作方法（两种果汁都适用）。当然，传统榨汁机也同样适用。

无麸质、无油、生食/免烤、无糖、无大豆、无谷物、无坚果

1. 将所有食材和1/2量杯（125 ml）水倒入破壁料理机，搅打至细滑。

2. 在玻璃罐或碗上放一只过滤袋或细孔滤网，慢慢倒入果汁。轻轻挤压过滤袋，直到挤出所有果汁。如果使用滤网，可用勺子按压果泥，以便果汁流出。扔掉果渣，尽情享用吧！

3. 将余下的果汁倒入梅森罐中储藏。冷藏条件下，可保存2~3天。

小贴士

如果你想要保留果汁中的果肉纤维，可省去过滤的步骤，将食材搅打至细滑，即可直接饮用——但要提醒你的是，这样果汁会变得非常浓稠。

可以加入适量水稀释果汁。如果你家没有维他美仕（Vitamix）或布兰泰（Blendtec）破壁料理机，需要在搅打前将甜菜根蒸一下。

排毒养颜柑橘茶

1 个绿茶包或 1 茶匙（5 ml）散装绿茶

1½ 量杯（375 ml）沸水

1/2 个葡萄柚，榨汁

1/2 个黄柠檬，榨汁

1½ ~ 3 茶匙（7 ~ 15 ml）液态甜味食材（适量）

1 小撮卡宴辣椒粉（可选）

这是一款可以令人精力充沛的饮品，绿茶搭配葡萄柚、柠檬与辣椒粉，有助于促进人体的新陈代谢。我喜欢用一杯柑橘茶开启美好的一天。炎炎夏日，如果你想要喝一杯冰镇饮料，可以在睡前将柑橘茶放入冰箱冷藏。第二天醒来，喝一杯冰爽的柑橘茶便可以给你降温！

2 量杯（500 ml）

准备时间： 5 ~ 10 分钟

无麸质、无坚果、无油、生食 / 免烤、无大豆、无谷物、无精糖

1. 将茶包或散装茶叶（装入球形滤茶器）放在一个大号马克杯内（杯子的容量至少为 2 量杯或 500 ml）。将沸水静置几分钟，避免水温过高导致茶叶发苦。将水倒入马克杯中，3 分钟后，取出茶包或滤茶器。

2. 将细孔滤网放在马克杯上，透过滤网倒入葡萄柚汁和柠檬汁，把残留的果渣过滤掉。

3. 加入甜味食材和卡宴辣椒粉（如使用），搅拌均匀，将做好的柑橘茶倒入茶壶即可享用排毒养颜、促进代谢的柑橘茶！

第三章　开胃菜

用各种可口的素食招待家人和朋友是我最喜欢做的事情之一。我认为这是推广素食的好方法，他们也总是对这些素食赞不绝口。本章中的开胃菜是我最难以割舍的健康食物之一。这些精致的开胃菜不仅可以给人带来愉悦感，还能补充体力、增强食欲。有谁愿意在派对上吃那些油腻又不易消化的食物？所以，我会推荐"超暖心辣味玉米片蘸酱"（第81页）作为派对的零食。我和我的丈夫对这款蘸酱欲罢不能，希望你也会喜欢。在寒冷的夜晚，玉米片蘸酱简直是看曲棍球比赛的最佳伴侣。如果你想要制作适合夏天的开胃菜，试试"夏日樱桃罗勒意式烤面包片"（第77页）、"美颜草莓芒果牛油果酱"（第79页）或"无油法拉费"（第83页）。当然，这些开胃菜也可以当作一顿正餐的前菜。我和我的丈夫曾多次将"核桃塔可辣酱薯片"（第91页）和"无油法拉费"当作晚餐。好吧，坦白说，我们甚至曾将"玉米片蘸酱"也当作晚餐。我好惭愧！

第三章　开胃菜

夏日樱桃罗勒意式烤面包片

1 量杯（250 ml）新鲜樱桃，去核、切丁

3 量杯（750 ml）新鲜草莓，去蒂、切丁

1/4 量杯（60 ml）新鲜罗勒叶，切碎

1/4 量杯（60 ml）新鲜薄荷叶，切碎

3 汤匙（45 ml）红洋葱丁

4 茶匙（20 ml）巴萨米克醋

1 根新鲜法棍面包，切成 2.5 cm 厚的圆片

2 汤匙（30 ml）特级初榨橄榄油

适量浓缩巴萨米克醋（第283页）

夏日樱桃罗勒面包是一道惊艳的开胃菜，优雅而不失经典。你的客人们或许会误认为制作这款面包的厨师是翻版素食主义者玛莎·斯图尔特（但愿不包括她的监狱生涯）。如果你以前从未尝试过罗勒与浆果的搭配，那么这款面包对你来说就是全新的体验！

2 人份

准备时间：20 分钟 · 烹饪时间：5 ~ 7 分钟

无坚果、无大豆、无糖

1. 将烤箱预热至 230℃。

2. 将樱桃丁、草莓丁、罗勒叶碎、薄荷叶碎、洋葱丁和巴萨米克醋倒入碗中，搅拌均匀。将混合物静置 10 ~ 15 分钟，直至食材充分入味。

3. 在每片面包的一面抹一层油。将面包片放在大号有边烤盘里（抹油的一面朝下），烤 5 ~ 7 分钟。注意观察，烤至面包片表面呈金黄色即可。

4. 用勺子将混合物小心地铺在面包片上。淋少许浓缩巴萨米克醋，立即享用！

小贴士

制作这款面包片时，可使用一次性塑料手套，以保持双手干净整洁。

美颜草莓芒果牛油果酱

2 个中等大小的牛油果，去核、切块

1/2 量杯（125 ml）红洋葱丁

1 个新鲜芒果，去核、去皮、切丁（约 1½ 量杯 / 375 ml）

1½ 量杯（375 ml）草莓，去蒂、切丁

1/4 量杯（60 ml）新鲜香菜叶（可选），切碎

1~2 汤匙（15~30 ml）新鲜柠檬汁（适量）

适量细海盐

搭配
适量玉米片

多汁芒果与香甜草莓的加入，使传统的牛油果酱看起来更有生气。这款色彩明亮的牛油果酱是派对中的抢手货，因为它总能让人感到神清气爽、充满能量！如果你想要提前准备，可以将除牛油果以外的所有食材装入密封容器内，放入冰箱冷藏。上菜前，你只须将牛油果加入准备好的食材中，轻轻切拌即可。你还有比这个更聪明的办法吗？

3 量杯（750 ml）

准备时间：20 分钟

无麸质、无坚果、无油、生食 / 免烤、无大豆、无糖、无谷物

1. 取一个中碗，在碗中将牛油果块轻轻捣碎。可保留少许块状牛油果，以丰富口感。

2. 使用滤网冲洗并沥干洋葱丁，以除去洋葱表层的含硫化合物，这使洋葱的味道变得温和。将芒果丁、草莓丁、洋葱丁和香菜碎（如使用）撒在牛油果泥上。加入适量柠檬汁和盐调味。

3. 搭配玉米片（或第 89 页的"香烤皮塔饼脆片"），立即享用。牛油果氧化变质的速度较快，因此，这款酱最多可保存 12 小时。抓紧时间大快朵颐吧！

小贴士

若要制作辣味牛油果酱，可加入一个墨西哥辣椒（切丁）。去除辣椒籽，可做成微辣版的牛油果酱。

超暖心辣味玉米片蘸酱

1 份奶酪酱
1 量杯（250 ml）生腰果
1 量杯（250 ml）去皮胡萝卜块
2 汤匙（30 ml）营养酵母
2 汤匙（30 ml）新鲜柠檬汁
1 大瓣蒜
1¼ 茶匙（6 ml）细海盐
3/4 茶匙（4 ml）辣椒粉
1/2 茶匙（2 ml）洋葱粉
1/4 ~ 1/2 茶匙（1 ~ 2 ml）卡宴辣椒粉（适量，可选）

蘸酱
1 份奶酪酱
1 量杯（250 ml）意式蒜香番茄酱（大块）
1 量杯（250 ml）白洋葱丁
2 ~ 3 把嫩菠菜（约 85 g），切段
1/3 量杯（75 ml）碎玉米片或面包糠
1 ~ 2 根小葱（可选），切圈

搭配
适量墨西哥薄饼片或香烤皮塔饼脆片（第 89 页）

你一定想不到，这款令人垂涎欲滴的玉米片蘸酱不含任何乳制品和食用油！谁能拒绝新鲜出炉的玉米片蘸酱呢？这款蘸酱热的时候才最好吃，将蘸酱放在暖碟机或隔热垫上，可延长保温时间。我喜欢使用铸铁浅炖锅来制作这款蘸酱，这样酱的保温时间可长达 1 小时。

8 人份

准备时间：25 ~ 30 分钟 · 浸泡时间：一整晚

烹饪时间：30 ~ 35 分钟

无麸质（可选）、无油、无大豆、无糖、无谷物

1. 先制作奶酪酱。将腰果放入碗中，加水至刚好没过所有腰果，浸泡一整晚，捞出腰果并将腰果冲洗干净。

2. 将烤箱预热至 200℃。在 2 L 的铸铁平底锅或浅炖锅内抹一层薄薄的油。

3. 将胡萝卜块放入一口小号平底深锅内，加水至刚好没过所有的胡萝卜块。开火，待水沸腾后，继续加热 5 分钟或直至叉子可以轻易插入胡萝卜。取出胡萝卜并沥干。根据个人喜好，你也可以把胡萝卜块蒸熟。

4. 将腰果、胡萝卜块、营养酵母、柠檬汁、蒜、盐、辣椒粉、洋葱粉、卡宴辣椒粉（如使用）和 2/3 量杯（150 ml）水倒入搅拌器，搅打至顺滑。如需要，可额外加入少量水。将制成的奶酪酱倒入一个大碗中。

5. 再制作玉米片蘸酱。将番茄酱、洋葱丁和菠菜段放入奶酪酱中，搅拌至充分混合。将混合物舀入准备好的浅炖锅中，抹平表面，并均匀地撒上碎玉米片（或面包糠）。

6. 无须加盖，将浅炖锅放入烤箱烤 25 ~ 30 分钟。其间，注意观察，防止玉米片烤焦。取出浅炖锅，如有需要，可

以撒上小葱圈（如使用）进行点缀。搭配墨西哥薄饼片或"香烤皮塔饼脆片"（第89页），立即享用!

7. 余下的蘸酱可放入200℃的烤箱内重新加热10~20分钟或直至完全热透。将蘸酱放入密封容器内，放入冰箱冷藏，可保存3~5天。

小贴士

若要制作这款不含麸质的开胃菜，可以使用不含麸质的食材。

无油法拉费

这款无油法拉费足以令你身心放松、活力加倍！它摒弃了传统法拉费"深油炸"的烹饪方式，而是用全谷物面包糠将鹰嘴豆泥饼包裹起来，再放入烤箱烘烤。面包糠赋予鹰嘴豆泥饼仿佛油炸般的酥脆口感，但这款法拉费我没有用任何油。如此完美的配方，实在让人开心！

22 个

准备时间：30 分钟 · 烹饪时间：30 分钟

无坚果、无大豆、无糖

1. 先制作鹰嘴豆泥饼。将烤箱预热至 200℃。在大号有边烤盘中铺一层烘焙纸。

2. 将蒜放入食物料理机中以点动模式打碎。加入洋葱碎、欧芹叶和 1/3 量杯（75 ml）香菜叶，搅打成末。再加入鹰嘴豆，继续搅打，直至混合物拥有类似粗糙面团的质地。将混合物放在手指之间轻压，混合物应该能粘在一起。

3. 将混合物倒入一个大碗中，加入亚麻籽粉、1/4 量杯（60 ml）面包糠、孜然粉和 1/2 茶匙（2 ml）盐，搅拌至充分混合。

4. 取大约 1 汤匙（15 ml）混合物，做成小饼，用手压紧定形。重复以上动作，直至将所有混合物都用尽。

5. 用糕点刷在每个饼上抹少许清水。把饼放在余下的 6 汤匙（90 ml）面包糠中，一次放一个饼。用手压一下饼，将饼翻面后再用手压一下，使面包糠粘在饼的两面。（面包糠的黏性不高，压饼的时候要用一些力。）重复以上动作，直至所有饼都裹上面包糠。将饼放入烤盘内。

6. 将烤盘放入烤箱烤 30 分钟左右，中途翻一次面，

直至饼的表面呈金棕色。

7. 再制作圣女果黄瓜酱。将圣女果、洋葱丁、柠檬汁和 1/4 量杯（60 ml）香菜叶放入食物料理机，打碎。加入黄瓜丁并搅拌均匀，可根据个人口味，加入适量盐调味。

8. 最后将生菜叶、鹰嘴豆泥饼和圣女果黄瓜酱组合在一起。在托盘上铺一层生菜叶，在每片生菜叶的中心放一个鹰嘴豆泥饼。在饼上放一些圣女果黄瓜酱并淋上少许柠檬芝麻酱即可。

经典鹰嘴豆泥

3 量杯（750 ml）熟鹰嘴豆（由
1 量杯干鹰嘴豆制成）或 425 g
鹰嘴豆罐头

1 大瓣蒜或 2 小瓣蒜

1/3 量杯（75 ml）芝麻酱

1/4 量杯（60 ml）新鲜柠檬汁（约
1 个柠檬），或适量

1 茶匙（5 ml）细海盐（或适量）

5 ～ 10 滴辣酱（可选）

装饰
适量特级初榨橄榄油

适量红椒粉

适量欧芹碎

搭配（可选）
适量香烤皮塔饼脆片（第 89 页）

我曾经为了写这本书尝试制作过无数种口味的鹰
嘴豆泥。你随便说一种，我可能都做过。但经
典鹰嘴豆泥的味道我至今无法忘记。事实上，经典的存在
必然有其道理，我们也无须强迫自己忘却它的味道！在尝
试制作鹰嘴豆泥的过程中，我发现了两个小技巧，它们可
以使你制作的鹰嘴豆泥由可口变得令人回味无穷。第一，
要自己煮鹰嘴豆。将刚煮的鹰嘴豆与鹰嘴豆罐头放在一起
对比时，我简直不敢相信二者的味道如此不同。毫无疑问，
必要时我也会使用鹰嘴豆罐头，但刚煮的鹰嘴豆显然味道
更好。第二，如果你有 15 分钟的空闲时间（且正巧有一位
朋友可以提供帮助），可以将鹰嘴豆的表皮剥除后再放入食
物料理机中进行搅打。这样做出的鹰嘴豆泥非常顺滑，足
以与商店卖的鹰嘴豆泥相媲美。

2½ 量杯（625 ml）

准备时间： 10 ～ 20 分钟

无麸质、无坚果、无大豆、无糖、生食 / 免烤、无谷物

1. 冲洗并沥干鹰嘴豆。如果你有时间，可将鹰嘴豆的
表皮剥除：将一颗鹰嘴豆放在拇指与食指之间，轻轻挤压，
豆子便会破皮而出。扔掉表皮，留 1 把鹰嘴豆，用于装饰。

2. 将大蒜放入食物料理机中打碎。

3. 加入剩余的鹰嘴豆、芝麻酱、柠檬汁、盐和辣酱（如
使用），搅打至食材充分混合。可根据个人口味，调整食
材的用量。根据需要加入 4 ～ 6 汤匙（60 ～ 90 ml）水，调
出合适的浓度。继续搅打至鹰嘴豆泥变得顺滑（我通常会
打至少好几分钟）。其间，若搅拌杯内壁上粘有混合物，
可暂停搅打，将混合物刮下来后再继续。

4.将鹰嘴豆泥倒入碗中，淋上橄榄油，加入预留的 1 把鹰嘴豆、红椒粉和欧芹碎。可根据个人喜好，搭配"香烤皮塔饼脆片"食用。

小贴士

自制的鹰嘴豆泥冷藏后会变黏稠，加入少许橄榄油或水搅拌均匀即可稀释。将自制的鹰嘴豆泥装入密封容器，置于冰箱冷藏至少可保存 1 周。

关于如何煮鹰嘴豆，请参见第 12 页。

香烤皮塔饼脆片

2 份皮塔饼

2 茶匙（10 ml）特级初榨橄榄油

1/2 茶匙（2 ml）大蒜粉

1/2 茶匙（2 ml）孜然粉

1/2 茶匙（2 ml）红椒粉

1/4 茶匙（1 ml）细海盐

我喜欢用少量大蒜粉、孜然粉、细海盐和红椒粉为皮塔饼调味，并将皮塔饼放入烤箱，烤至酥脆。酥脆的皮塔饼脆片搭配"经典鹰嘴豆泥"（第 86 页），味道令人拍案叫绝。注意，它们不能放太久！

约 40 片

准备时间：5 分钟 · 烹饪时间：7～9 分钟

无坚果、无大豆、无糖

1. 将烤箱预热至 200℃。

2. 用厨房剪刀将皮塔饼剪成楔形，在大号有边烤盘中铺一层皮塔饼片。

3. 用糕点刷在皮塔饼表面抹一层油，撒上大蒜粉、孜然粉、红椒粉和盐。

4. 将烤盘放入烤箱烤 7～9 分钟或直至皮塔饼脆片呈金黄色。取出晾凉，5～10 分钟后，皮塔饼脆片将变得酥脆。

核桃塔可辣酱薯片

薯片
2个褐色马铃薯，带皮、切成6mm厚的圆片
1汤匙（15 ml）葡萄籽油
适量细海盐
适量现磨黑胡椒粉

核桃塔可辣酱
1量杯（250 ml）烤核桃仁（可选）
1汤匙（15 ml）橄榄油
1½茶匙（7 ml）辣椒粉
1/2茶匙（2 ml）孜然粉
1/4茶匙（1 ml）细海盐
1/8茶匙（0.5 ml）卡宴辣椒粉

组装用的其他食材
适量腰果酸"奶油"（第267页）
1/2～3/4量杯（125～175 ml）萨尔萨辣酱
2～3根小葱，切圈
适量现磨黑胡椒粉

小贴士

你也可以用生菜叶代替薯片来做这款开胃菜，或搭配墨西哥薄饼片食用，同样令人垂涎三尺。

核桃塔可辣酱薯片或许是派对中最后一道小吃，它诱人的味道常常勾起我独享美食的私心。有一次，我和我的丈夫把朋友准备在派对上分享的核桃塔可辣酱薯片一扫而尽。回想起来，向朋友承认我们狼吞虎咽地吃光了开胃菜还真是尴尬！这款薯片由抹了酥脆核桃塔可辣酱的烤薯片、腰果酸"奶油"、萨尔萨辣酱等食材组成。如果你没有时间组装，可以将薯片铺在大盘中，然后把核桃辣酱及组装用的食材都放在盘中。可以提前一两天制作核桃塔可辣酱与腰果酸"奶油"，以节省时间。薯片不仅可以为餐桌增添几分趣味，也深受小朋友们喜爱。

28～30片

准备时间： 25～30分钟 · **烹饪时间：** 30～35分钟
无麸质、无大豆、无糖、无谷物

1. 先制作薯片。将烤箱预热至220℃，在大号有边烤盘中铺一层烘焙纸。在烤盘中铺一层薯片，并在其表面淋一层油。用手涂抹，使油均匀分布。再撒上适量盐与适量黑胡椒粉。

2. 将烤盘放入烤箱烤30～35分钟，中途给薯片翻一次面，或烤至薯片变得软嫩、呈浅褐色即可。

3. 再制作核桃塔可辣酱。将核桃仁（如使用）、橄榄油、辣椒粉、孜然粉、卡宴辣椒粉和1/4茶匙（1ml）盐放入食物料理机，搅打至呈细屑状。（根据个人喜好，你也可以手工将食材切碎并混合在一起。）取出备用。

4. 依次将1茶匙（5 ml）腰果酸"奶油"、1茶匙核桃塔可辣酱、1茶匙萨尔萨辣酱和1茶匙葱圈放在每片薯片上。撒上适量黑胡椒粉，趁热吃！

蘑菇核桃香蒜酱酥皮塔

炒蘑菇片和炒洋葱片

2 汤匙（30 ml）特级初榨橄榄油

6 量杯（1.5 L）切成片的小褐菇

1 个中等大小的红洋葱，去皮、纵向切成两半，再切成半月形薄片

核桃香蒜酱

1 大瓣蒜

2/3 量杯（150 ml）烤核桃仁

1 量杯（250 ml）新鲜欧芹碎，去除粗茎

1/4 量杯（60 ml）特级初榨橄榄油

1/2 ~ 3/4 茶匙（2 ~ 4 ml）细海盐（适量）

1/2 茶匙（2 ml）现磨黑胡椒粉

1 量杯（250 ml）炒蘑菇片

组装用的其他食材

7 ~ 8 张冷冻酥皮，解冻

适量橄榄油，用于抹在酥皮上

装饰（可选）

1 把新鲜的欧芹叶

几年前，这款香蒜酱酥皮塔在加拿大蘑菇菜比赛中获得了第一名，它不仅仅是我最爱的开胃菜之一，也受到了许多博客读者的青睐。虽然这道菜要花一点儿时间准备，但是，当你吃到这款酥脆可口的酥皮塔时，一切都是值得的。如果你不想花时间制作酥皮塔，可以将香蒜酱铺在小圆片面包上或搭配意大利面食，享受一顿简单的晚餐。一定要提前一天解冻冷冻酥皮，第二天制作时便可直接使用。

6 ~ 8 人份

准备时间：45 分钟 · 烹饪时间：62 ~ 79 分钟

无大豆、无糖

1. 将烤箱预热至 180℃。在大号有边烤盘中铺一层烘焙纸。

2. 先制作炒蘑菇片和炒洋葱片。往一口大号平底煎锅中倒入 1 汤匙（15 ml）油，以中大火加热。放入蘑菇片，翻炒 15 ~ 25 分钟，直至蘑菇中的水分被完全蒸发、蘑菇变得软嫩。盛出备用。

3. 同时，取另一口大号平底煎锅，倒入余下的 1 汤匙（15 ml）油，以中小火加热。放入洋葱片翻炒 20 分钟左右，直至洋葱片变得柔软、呈半透明状。盛出备用。

4. 再制作核桃香蒜酱。将蒜放入食物料理机中以点动模式打碎，加入核桃仁、1 量杯（250 ml）欧芹碎、1/4 量杯（60 ml）油、盐、黑胡椒粉、1 量杯（250 ml）炒蘑菇片和 2 汤匙（30 ml）水，搅打至顺滑。其间，若搅拌杯内壁上粘有混合物，可暂停搅打，将混合物刮下来后再继续。

5. 最后将香蒜酱、剩下的炒蘑菇片、炒洋葱片和酥皮

组合在一起。往烤盘里放一张酥皮，轻轻淋上（或用糕点刷抹上）一层油。将第 2 张酥皮直接盖在第 1 张上，淋上或抹上一层油。重复以上动作，将余下的 5~6 张酥皮用完。将酥皮的 4 条边都向内折叠 2.5 cm 并向下按紧（见第 93 页的图片）。如果边缘不够黏，可以将油轻轻淋（或抹）在边缘，再试一次。用叉子在酥皮表面戳一些小孔，以便在烘烤过程中顺利排出水蒸气。

6. 将核桃香蒜酱均匀地抹在酥皮上，酱汁不可溢出来。将余下的炒蘑菇片和所有的炒洋葱片均匀地倒在香蒜酱上面。

7. 将烤盘放入烤箱烤 26~32 分钟，或烤至酥皮塔呈现淡淡的金黄色并且摸上去感觉较酥脆。如果你喜欢塔的边缘呈现美丽的金色，可以在烤好后利用余温继续烤 1~2 分钟。但要仔细观察，避免酥皮塔被烤焦。

8. 取出烤盘，冷却 5 分钟，用比萨轮刀将酥皮塔切成小块。可根据个人喜好，撒上 1 把新鲜欧芹叶作为装饰。趁热吃！

小贴士

为了节省时间，你可以直接购买切成片的蘑菇。这是我们之间的小秘密哦！

第四章　沙拉

对于素食主义者而言，制作沙拉并不是什么新鲜事，但是这一章的配方却让我感到极为兴奋。我彻底受够了单调的生菜番茄沙拉，所以，当我研发本书的沙拉配方时，我就想改变人们将沙拉视作无味的减肥食品的刻板印象。我研发了各种健康好吃的沙拉，我为此感到无比自豪。沙拉富含植物蛋白，既有爽口的新鲜蔬菜，又有有益心脏健康的沙拉酱……你一定很后悔，自己为什么从来都没有正眼瞧过它。无论是"奶香牛油果马铃薯沙拉"（第 103 页），还是"恺撒沙拉配面包块"（第 104 页），你总能找到一款适合自己心情的沙拉。磨好刀具，备好砧板，让我们开始制作沙拉吧！

核桃牛油果梨沙拉

2 朵大个的大褐菇

1/2 个红洋葱，切薄片

1 份 + 半份简易意式风味油醋汁（第 269 页）

1 盒（142 g）混合绿色蔬菜

2 个成熟的梨，去皮、去核、切块

1 个牛油果，去核、切块

1/3 量杯（75 ml）烤核桃仁

这道沙拉的灵感来自于一家本地餐厅的一道菜，我与我的女性朋友每个月都会相约在这家餐厅一起吃午餐。润滑香梨片、烤腌红洋葱、大褐菇、烤核桃仁和浓郁牛油果的组合让这道沙拉的口味与口感成为我的最爱，这款沙拉也让人有较强的饱腹感。每朵大褐菇含有 6～8 g 蛋白质，在沙拉中加入 1～2 朵大褐菇可以让你瞬间"满血复活"、精力充沛。

2 人份

准备时间： 15～20 分钟 · **腌制时间：** 20～30 分钟

烹饪时间： 6～10 分钟

无麸质、无大豆、无精糖、无谷物

1. 用湿毛巾轻轻擦一擦蘑菇的表面，去除碎屑。拧掉菌柄，可以将菌柄丢弃或放入冰箱冷冻起来（炒菜或留作他用）。用小勺刮除黑色的菌褶。

2. 将菌盖、洋葱片、半份意式风味油醋汁放入大碗中，翻动食材至菌盖和洋葱片完全被油醋汁覆盖。腌 20～30 分钟，每 5～10 分钟翻动一次，保证碗中的食材能腌制均匀。

3. 取一个烧烤盘，以中大火加热。放入菌盖与洋葱片，每面烤 3～5 分钟，直至食材被烙上格纹、变得软嫩。如需要，可适当调小火力。关火后，将烧烤盘静置于一旁，待菌盖冷却后，切成长条形。

4. 放几把混合绿叶蔬菜在大碗中，再加入半份梨块、半份牛油果块、半份核桃仁、半份炒好的蘑菇条及半份洋葱片，一份沙拉就做好了。淋上余下的油醋汁，立即享用！重复刚才的步骤再制作一份。

完美鹰嘴豆沙拉

1 瓶（425 g）鹰嘴豆罐头，去汁、洗净

2 根西芹，切碎

3 根小葱，切圈

1/4 量杯（60 ml）切成丁的莳萝酸黄瓜

1/4 量杯（60 ml）切成丁的红彩椒

2～3 汤匙（30～45 ml）罐装或亚麻籽"蛋黄"酱（第 264 页）

1 瓣蒜，剁碎

1½ 茶匙（7 ml）黄芥末酱

2 茶匙（10 ml）切碎的新鲜莳萝（可选）

1½～3 茶匙（7～15 ml）新鲜柠檬汁（适量）

1/4 茶匙（1 ml）细海盐（或适量）

适量现磨黑胡椒粉

搭配
适量烤面包

适量薄脆饼干

适量墨西哥薄饼或生菜

适量绿叶蔬菜沙拉

小贴士

　　若要制作不含大豆的沙拉，请使用不含大豆的"蛋黄"酱。

成为素食主义者之前，我经常吃鸡肉沙拉，后来鹰嘴豆沙拉成了鸡肉沙拉的替代品。我必须说，鹰嘴豆沙拉完胜鸡肉沙拉！捣碎的鹰嘴豆拥有类似鸡肉薄片般的口感，西芹、洋葱、酸黄瓜、彩椒等蔬菜的加入令沙拉爽脆多汁、富含膳食纤维。这款沙拉可以放在比布生菜叶或波士顿生菜叶中，再放入卷饼或烤面包中一起吃，也可以放在薄脆饼干上直接吃。如果你近期有野餐或公路旅行的计划，这款鹰嘴豆沙拉绝对是理想的食物。

3 人份

准备时间： 15 分钟

无麸质、无坚果、生食／免烤、无糖、无谷物、无大豆（可选）

1. 将鹰嘴豆放入一个大碗中，用马铃薯捣碎器捣碎，直至鹰嘴豆呈片状。

2. 将西芹碎、小葱圈、酸黄瓜丁、彩椒丁、"蛋黄"酱和蒜倒入碗中，搅拌至充分混合。

3. 将黄芥末酱和莳萝碎（如使用）倒入碗中，搅拌均匀。加入柠檬汁、盐和黑胡椒粉进行调味，可根据个人口味调整用量。

4. 做好的沙拉可以夹在烤面包中制成三明治，可以放在薄脆饼干上直接吃，可以用墨西哥薄饼或生菜叶卷起来吃，还可以放在绿叶蔬菜沙拉上食用。

奶香牛油果马铃薯沙拉

675～900 g 黄色马铃薯，切成 1 cm 见方的丁

3 茶匙（15 ml）特级初榨橄榄油

1/2 茶匙（2 ml）细海盐

1/4 茶匙（1 ml）现磨黑胡椒粉

1 把芦笋，去除老梗、切成 2.5 cm 长的段

1/2 量杯（125 ml）小葱圈

沙拉酱

1/2 量杯（125 ml）牛油果

2 汤匙（30 ml）切碎的新鲜莳萝

4 茶匙（20 ml）新鲜柠檬汁

1 根小葱，切段

1/4 茶匙（1 ml）细海盐（或适量）

适量现磨黑胡椒粉

组装用的其他食材

少许细海盐

少许现磨黑胡椒粉

新　鲜莳萝、小葱、柠檬汁与牛油果的搭配为烤马铃薯和烤芦笋带来浓浓的奶香味。我敢保证，你这辈子都不会遇到如此独特的马铃薯沙拉！传统马铃薯沙拉往往以煮熟的马铃薯为原材料，而我却使用外酥里嫩的烤马铃薯，这让这款沙拉口感极佳，没有糊状物。尝一尝这款马铃薯沙拉，它会令你眼前一亮！

3 人份

准备时间: 25 分钟 · **烹饪时间:** 30～35 分钟

无麸质、无坚果、无大豆、无糖、无谷物

1. 将烤箱预热至 220℃。在 2 个有边的烤盘中分别铺上一层烘焙纸。

2. 将马铃薯丁放在其中一个烤盘中，淋上 1½ 茶匙（7 ml）橄榄油，撒上 1/4 茶匙盐和 1/8 茶匙黑胡椒粉进行调味。将芦笋段放在另一个烤盘中，淋上剩下的橄榄油，撒上剩余的盐和黑胡椒粉进行调味。

3. 将马铃薯丁放入烤箱烤 15 分钟，翻面，继续烤 15～20 分钟，直至马铃薯丁表面呈金黄色，且可用叉子轻易插入。烤马铃薯的同时，将芦笋段放入烤箱烤 9～12 分钟，直至芦笋段变得软嫩。将烤好的马铃薯丁与芦笋段倒入大碗，撒上小葱圈搅拌均匀。

4. 下面来制作沙拉酱：将牛油果、莳萝碎、柠檬汁、小葱段、1/4 茶匙（1 ml）盐、适量黑胡椒粉和 1/4 量杯（60 ml）水放入迷你食物料理机，搅打至顺滑。

5. 将沙拉酱倒入装有马铃薯丁与芦笋段的大碗中，搅拌均匀。根据个人口味，撒上少许盐和少许黑胡椒粉进行调味，即刻食用。冷藏后的沙拉同样好吃，将沙拉装入密封容器，放入冰箱冷藏，可保存 2～3 天。

恺撒沙拉配面包块

小时候，每年假期我都会帮助爸爸准备他最"拿手"的恺撒沙拉。当爸爸在厨房的水池旁清洗生菜时，姐姐和我就会在旁边用纸巾擦拭生菜叶上的水。你看，像我爸爸一样的恺撒沙拉大师都对沙拉脱水器持怀疑态度，他坚持以人工的方式擦干叶片上的每一滴水。虽然我十分痛恨这个漫长的擦拭过程，但是我非常喜欢爸爸做的恺撒沙拉。写这本书时，我也想设计一款属于自己的恺撒沙拉——一款能够与爸爸的版本相媲美的恺撒沙拉。对不起啦，我的爸爸，我的恺撒沙拉真的更好，而且无须使用生鸡蛋！在我的配方中，我用浸泡过的生杏仁代替生鸡蛋或蛋黄酱来打造浓郁而健康的沙拉酱，烤大蒜的香气为沙拉酱增添了独特的味道。当然，如果你家有沙拉脱水器，我强烈建议你使用，这样更省事。

3/4 量杯（175 ml）沙拉酱

准备时间: 20 分钟 · **烹饪时间:** 35 ~ 40 分钟

浸泡时间: 一整晚

无麸质、无大豆、无糖、无谷物

1. 制作沙拉酱。将带皮杏仁倒入碗中，加水至刚好没过所有带皮杏仁，浸泡一整晚。将带皮杏仁沥干并冲洗干净后放在拇指与食指之间，轻轻挤压带皮杏仁底部，杏仁便会破皮而出（使用去皮杏仁可使沙拉酱更顺滑，但这不是必要步骤）。

2. 将烤箱预热至 220℃。

3. 切除蒜头的顶部，使每瓣蒜的顶部都能露出来。用锡纸包裹蒜头并放入烤盘，将烤盘放入烤箱烤 35 ~ 40 分钟或直至蒜瓣变得柔软、呈金黄色。取出蒜头冷却 10 ~ 15

分钟或直至可用手拿。去掉锡纸，将蒜从外皮中挤出来，放入食物料理机。

4. 将杏仁、油、柠檬汁、第戎芥末酱、盐、干芥末、1/2 茶匙（7 ml）黑胡椒粉和1/4量杯（60 ml）水加入食物料理机中，搅打至顺滑。其间，若搅拌杯内壁上粘有混合物，可暂停搅打，将混合物刮下来后再继续。根据个人口味，可再加入适量盐和适量黑胡椒粉。如果你希望蒜味更浓，可以加入剁碎的 1/2 瓣生蒜。

5. 将生菜放在大号沙拉碗中，淋上适量沙拉酱。充分搅拌，直至沙拉酱均匀地附着在生菜上。食用前，撒上"坚果芳香植物面包块"（第 282 页）和杏仁片即可。

烤蔬菜沙拉

烤蔬菜

6 根新鲜玉米

适量椰子油或葡萄籽油，用于抹在食材上

适量细海盐

适量现磨黑胡椒粉

3 个彩椒（我选用的 3 个彩椒分别为红色、黄色和橙色），纵向切成 4 瓣

2 根中等大小的西葫芦，切成两半

沙拉酱

3 汤匙（45 ml）特级初榨橄榄油

3 汤匙（45 ml）新鲜柠檬汁

1 小瓣蒜，切末

2 汤匙（30 ml）切碎的新鲜香菜叶

1 茶匙（5 ml）龙舌兰糖浆或其他液态甜味食材

1/4 茶匙（1 ml）细海盐

适量细海盐（可选）

适量现磨黑胡椒粉

组装用的其他食材

1 个牛油果，切成两半、去核

适量细海盐

适量现磨黑胡椒粉

适量新鲜香菜叶（可选）

这款沙拉新鲜爽口，做起来简单方便，让人具有饱腹感，非常适合夏天的聚会。你可以提前一天制作沙拉——将沙拉装入密封容器内，放入冰箱冷藏一整晚，使沙拉入味。这款沙拉绝对是夏日野餐或家庭聚餐的理想选择。食用前，你需要充分摇动或搅拌食材，直至沙拉酱均匀地裹在食材上。

6 人份

准备时间：20 分钟 · 烹饪时间：20 ~ 25 分钟

无麸质、无坚果、无大豆、无精糖、无谷物

1. 先制作烤蔬菜。在每根玉米的表面抹少许椰子油（或葡萄籽油），撒上适量盐和适量黑胡椒粉进行调味。取 6 张锡纸，用 1 张锡纸包 1 根玉米，拧紧锡纸两端，确保安全。

2. 在彩椒和西葫芦的表面抹一层椰子油，撒适量盐和适量黑胡椒粉进行调味。

3. 以中火预热烤架约 10 分钟。将玉米、彩椒和西葫芦放在烤架上（最好放在烤架的最高层）。烤 10 ~ 15 分钟，每 5 分钟翻一次面。当彩椒和西葫芦变得软嫩、表面微焦时，将它们从烤架上取走，放在一旁备用。继续烤玉米 10 ~ 15 分钟，共烤 20 ~ 25 分钟就行。将烤好的玉米置于一旁冷却，直到可用手拿为止。

4. 再制作沙拉酱。将橄榄油、柠檬汁、蒜末、香菜碎、龙舌兰糖浆（或其他液态甜味食材）、1/4 茶匙（1 ml）盐（可根据需要加更多盐）和适量黑胡椒粉放入小碗中，搅拌均匀。

5. 将玉米放在浅口盘中，用厨师刀贴着玉米棒芯切下玉米粒。

6.将彩椒和西葫芦切成小块，倒入一个大碗中。将牛油果切片，倒入碗中。加入玉米粒和沙拉酱，搅拌均匀。用适量盐和适量黑胡椒粉进行调味（我通常会额外加入 1 把香菜，当然，这是我的个人喜好）。

小贴士

如果你想要这款沙拉的蛋白质含量更高，可以加入 1 瓶（425 g）黑豆罐头。使用前，应将黑豆去汁、洗净。

斑纹南瓜小米羽衣甘蓝沙拉

2 个斑纹南瓜（共 790 ~ 900 g），切成两半、去籽

1 汤匙（15 ml）葡萄籽油或液态椰子油

适量细海盐

适量现磨黑胡椒粉

1 量杯（250 ml）生小米或藜麦

1/2 ~ 1 颗羽衣甘蓝，去茎、将菜叶撕成 2.5 cm 宽的小片

适量柠檬芝麻酱（第 270 页）

1/2 量杯（125 ml）红洋葱丁

1/2 量杯（125 ml）切碎的西芹（大约 1 根大西芹）

1/2 量杯（125 ml）切碎的新鲜欧芹叶

2 汤匙（30 ml）蔓越莓干

2 汤匙（30 ml）生南瓜子或烤南瓜子

小贴士

　　红洋葱丁与南瓜一同烤的话，这款沙拉将拥有浓郁的焦糖口味。

斑纹南瓜是我最喜欢的南瓜品种。这种南瓜的外皮较薄，因此无须去皮，也易于切块。将羽衣甘蓝与小米组合在一起，再搭配烤制的斑纹南瓜和浓郁的柠檬芝麻酱，就能打造出这款适合秋冬季节食用的沙拉——口感丰富、清爽健康、令人充满能量。如果你买不到斑纹南瓜，可以用其他品种的南瓜代替。

3 人份

准备时间：30 分钟 · 烹饪时间：30 分钟

无麸质、无坚果、无大豆、无糖

1. 将烤箱预热至 220℃。在有边烤盘里铺一层烘焙纸。

2. 将南瓜切成 2.5 cm 宽的块（U 形），在烤盘里放一层南瓜。淋上少许油，轻轻晃动，使油均匀分布。加入盐和胡椒粉调味。

3. 将烤盘放入烤箱烤约 30 分钟，中途给南瓜块翻一次面，待南瓜块呈金黄色，且可用叉子轻易插入即可。

4. 烤南瓜块时，按照第 288 页表格中的方法煮小米（或藜麦）。

5. 将撕碎的羽衣甘蓝叶倒入大碗中，淋上 2 ~ 4 汤匙（30 ~ 60 ml）柠檬芝麻酱。用双手搓羽衣甘蓝叶，直至柠檬芝麻酱均匀地附着在菜叶上。静置至少 10 ~ 15 分钟（如需要可以静置更长时间），让酱软化菜叶。

6. 将羽衣甘蓝叶放在大盘中，撒上煮熟的小米、加入洋葱丁、西芹碎、欧芹叶、烤南瓜块、蔓越莓干和南瓜子，淋上剩余的柠檬芝麻酱。

苹果羽衣甘蓝沙拉

山核桃奶酪

1/2 量杯（125 ml）烤山核桃仁

1½ 茶匙（7 ml）营养酵母

1½ ~ 3 茶匙（7 ~ 15 ml）特级初榨橄榄油

1/4 茶匙（1 ml）细海盐

沙拉酱

3 汤匙（45 ml）苹果醋

2 汤匙 +1 茶匙（共 35 ml）新鲜柠檬汁（1/2 个柠檬）

2 汤匙（30 ml）纯枫糖浆

1/2 茶匙（2 ml）肉桂粉

1/4 茶匙（1 ml）细海盐

1 汤匙（15 ml）特级初榨橄榄油或葡萄籽油

2 汤匙（30 ml）无糖苹果酱

1/2 茶匙（2 ml）新鲜去皮生姜末

组装用的其他食材

1 颗羽衣甘蓝，去茎、撕成小片

1 个苹果，去核、切丁

1/4 量杯（60 ml）蔓越莓干

1/2 量杯（125 ml）石榴籽（约 1/2 个石榴）

小贴士

如果你愿意，也可以保留羽衣甘蓝的茎部，用于制作果汁或蔬果昔。

充满节日气氛的肉桂枫糖沙拉酱搭配新鲜苹果、蔓越莓干和石榴籽，是享受假期的完美选择。羽衣甘蓝的颜色较暗，在运输的过程中不易变质。你甚至可以在前一晚将沙拉准备好，放入冰箱冷藏，这有助于羽衣甘蓝的软化和入味。我建议在食用之前再加入山核桃奶酪，以避免奶酪掉在沙拉的底部。

4 ~ 6 人份

准备时间： 20 ~ 25 分钟 · **烹饪时间：** 7 ~ 9 分钟

无麸质、无大豆、无精糖、无谷物

1. 先制作山核桃奶酪。将烤箱预热至 150℃。在有边烤盘里放一层山核桃仁，将烤盘放入烤箱烤 7 ~ 9 分钟，直至山核桃仁呈淡淡的金黄色、散发香味。将烤好的核桃仁置于一旁冷却 5 分钟。

2. 将山核桃仁、营养酵母、1½ ~ 3 茶匙（7~15 ml）油和 1/4 茶匙（1 ml）盐放入迷你食物料理机打碎，直至食材充分混合（也可以手工切碎山核桃仁，倒入小碗中，与制作山核桃奶酪的其他食材混合）。放在一旁备用。

3. 再制作沙拉酱。将醋、柠檬汁、枫糖浆、肉桂粉、1/4 茶匙（1 ml）盐、1 汤匙（15 ml）油、苹果酱和姜末倒入小碗中，搅拌至充分混合。

4. 将羽衣甘蓝叶放在大号沙拉碗中，淋上沙拉酱。用双手抓拌，直至沙拉酱均匀地附着在羽衣甘蓝叶上。静置至少 30 分钟，直至羽衣甘蓝叶稍微软化。

5. 在羽衣甘蓝叶上放上苹果丁、蔓越莓干和石榴籽。食用前，撒上山核桃奶酪即可。

烤甜菜根榛子沙拉

5~6个中等大小的甜菜根，去皮
1/2 量杯（125 ml）烤榛子
3~4 汤匙（45~60 ml）浓缩巴萨米克醋（第283页）
1 汤匙（15 ml）特级初榨橄榄油
6~8 枝新鲜百里香

小贴士

为了节省时间，你可以提前一天烤制甜菜根并将它们放入冰箱冷藏，使用前再取出切片。甜菜根可冷食，也可放置至室温后再食用。

这款沙拉的灵感来自于我最爱的旧金山一家素食餐厅——"千禧年"（Millennium）。这家餐厅的烤甜菜根沙拉制作简单、营养丰富、风味绝佳，令人满足。当我第一次吃这款沙拉时，我就想我一定要在家里研发出类似的沙拉。在秋冬季节，这款沙拉非常适合作为前菜。

3 人份

准备时间：20~25分钟 · 烹饪时间：57~105分钟
无麸质、无大豆、无糖、无谷物

1. 将烤箱预热至 200℃。

2. 用锡纸将甜菜根分开包好放入烤盘。将烤盘放入烤箱，根据甜菜根的大小，烤 45~90 分钟，直至可用叉子轻易插入最大的一个为止。取出甜菜根冷却约 30 分钟或直至可用手拿。

3. 将烤箱温度调至 150℃。将榛子放在烤盘里，烤 12~15 分钟或直至榛子的表皮变暗、几乎剥落。将榛子放在湿布上，用力搓至榛子的表皮完全脱落。丢弃表皮，将榛子切成大粒，放在一旁备用。

4. 小心地将锡纸打开，切掉甜菜根的底部。用流水搓洗甜菜根直至表皮脱落，将表皮丢弃。

5. 将甜菜根切成 3 mm 厚的圆片，分别放在三个盘子里。每个盘子里放 7~12 片。

6. 在甜菜根片上撒上 1 把烤榛子，淋上少许浓缩巴萨米克醋和橄榄油。从 1~2 根百里香上摘取一些叶子放入盘中，立即享用！

第五章　汤品

我认为，虽然做汤相对较为简单，但要将食材搭配得完美是非常具有挑战性的，这就是为什么我耗费了大量的时间研发各种汤的配方。我希望汤的味道足够惊艳，因为我总是在寒冷的冬季喝大量的汤。本章中的配方将在你最需要的时候，激活你的味蕾、慰藉你的心灵。我最喜欢的一款汤是"番茄浓汤配烤鹰嘴豆"（第 133 页）。它让我回想起小时候最爱的番茄汤，但它比记忆中的番茄汤更加鲜美，也更加健康（不含任何畜产品）。一旦你品尝过我制作的烤鹰嘴豆，你就再也无法忘怀！

我认为汤是最有益于健康的食物，是营养丰富的滋补佳品。如果你想使自己的饮食重回正轨，可以试试"排毒养颜蔬菜汤"（第 131 页）或非常受欢迎的"改良版浓香红小扁豆甘蓝汤"（第 123 页）。这两款汤都是很好的选择，它们可以帮助你抵御寒冷、重获新生，甚至征服世界！

非洲暖心花生浓汤

1 茶匙（5 ml）特级初榨橄榄油

1 个中等大小的白洋葱，切丁

3 瓣蒜，剁碎

1 个红彩椒，切丁

1 个墨西哥辣椒（可选），去籽（可选），切丁

1 个中等大小的红薯，去皮，切成 1 cm 见方的丁

1 瓶（793 g）番茄丁罐头，带汁

适量细海盐

适量现磨黑胡椒粉

1/3 量杯（75 ml）天然花生酱

4 量杯（1 L）蔬菜汤（或适量）

1½ 茶匙（7 ml）辣椒粉

1/4 茶匙（1 ml）卡宴辣椒粉（可选）

1 瓶（425 g）鹰嘴豆罐头，去汁、洗净

2 把嫩菠菜或去茎、撕成小片的羽衣甘蓝叶

装饰
适量新鲜香菜叶或欧芹叶
适量烤花生

小贴士

如果你家正好有剩米饭，可以将其拌入这款汤中食用，味道美极了。

这款汤浓郁醇厚、微辣鲜香，你一定会对花生酱能与红薯完美搭配感到惊讶。如果你特别喜欢吃辣椒，我推荐你加入少许卡宴辣椒粉，这将为花生浓汤增添几分辣味。

6 人份

准备时间：20 分钟 · 烹饪时间：20 ～ 30 分钟

无麸质、无大豆、无糖、无谷物

1. 取一口平底深锅，倒入油，以中火加热。放入洋葱丁和蒜末，翻炒约 5 分钟或直至洋葱丁呈半透明状。

2. 加入彩椒丁、墨西哥辣椒丁（如使用）、红薯丁和番茄丁（带汁）。转至中大火，煮 5 分钟以上。撒适量盐和适量黑胡椒粉进行调味。

3. 将花生酱和 1 量杯（250 ml）蔬菜汤放入中碗内，快速搅拌，直至没有任何块状物。将混合物稍微搅拌一下，和剩下的 3 量杯（750 ml）蔬菜汤、辣椒粉、卡宴辣椒粉（如使用）倒入煮蔬菜的锅中，搅拌均匀。

4. 盖上锅盖，转至中小火，炖 10 ～ 20 分钟或直至可用叉子轻易插入红薯块。

5. 加入鹰嘴豆和菠菜（或羽衣甘蓝叶），搅拌均匀，继续煨至菠菜（或羽衣甘蓝叶）变软。撒适量盐和适量黑胡椒粉进行调味。

6. 将花生浓汤舀入碗中，用香菜叶（或欧芹叶）和烤花生做点缀。

改良版浓香红小扁豆甘蓝汤

1 茶匙（5 ml）椰子油或橄榄油

1 个白洋葱，切丁

2 大瓣蒜，剁碎

3 根西芹，切丁

1 片月桂叶

1¼ 茶匙（6 ml）孜然粉

2 茶匙（10 ml）辣椒粉

1/2 茶匙（2 ml）香菜粉

1/4 ~ 1/2 茶匙（1 ~ 2 ml）烟熏红椒粉（适量）

1/8 茶匙（0.5 ml）卡宴辣椒粉（或适量）

1 瓶（396 g）番茄丁罐头，带汁

5 ~ 6 量杯（1.25 ~ 1.5 L）蔬菜汤（适量）

1 量杯（250 ml）生红小扁豆，洗净、沥干

适量细海盐

适量现磨黑胡椒粉

2 把去茎、撕成小片的羽衣甘蓝叶或菠菜

你是否有过大口大口喝汤的冲动？朋友们，机会来了！辣椒粉、孜然粉、香菜粉、烟熏红椒粉和卡宴辣椒粉的加入让这款汤极具魅力，营养又好喝。不仅如此，这款甘蓝汤还是极好的通鼻良药（但是我不认为它的辣度让人难以承受，除非你加入大量卡宴辣椒粉）。由于大部分蔬菜汤的营养价值并不高，所以我在这款汤中加入了 1 量杯（250 ml）红小扁豆，以增加蛋白质和膳食纤维的含量。红小扁豆只需 15 分钟即可煮熟，整款汤仅用一口锅就可以完成，方便快捷。感谢红小扁豆，它让这款汤的蛋白质含量高达 30 g。加入面包、薄脆饼干或炒饭，与所爱之人共享美味吧！

3 人份

准备时间：20 ~ 30 分钟 · **烹饪时间：**25 ~ 31 分钟

无麸质、无坚果、无大豆、无糖、无谷物

1. 取一口大号平底深锅，倒入油，以中火加热。放入洋葱丁和蒜末，翻炒 5 ~ 6 分钟，直至洋葱丁变得半透明。加入西芹丁，撒适量盐调味，继续翻炒几分钟。

2. 加入月桂叶、孜然粉、辣椒粉、香菜粉、红椒粉和卡宴辣椒粉，搅拌均匀，爆香食材。

3. 加入番茄丁（带汁）、蔬菜汤和红小扁豆，煮沸后，转至中火，继续炖 20 ~ 25 分钟（无须加盖），直至小扁豆变软。撒适量盐和适量黑胡椒粉调味，并取出月桂叶。

4. 拌入羽衣甘蓝叶（或菠菜），继续加热几分钟，直至菜叶变软。立即享用吧！

印度小扁豆花椰菜汤

1 汤匙（15 ml）椰子油或其他食
用油

1 个黄洋葱，切丁

2 大瓣蒜，剁碎

1 汤匙（15 ml）剁碎的新鲜去皮
生姜

1 ~ 2 汤匙（15 ~ 30 ml）咖喱粉
（适量）

1½ 茶匙（7 ml）香菜粉

1 茶匙（5 ml）孜然粉

6 量杯（1.5 L）蔬菜汤

1 量杯（250 ml）生红小扁豆，洗
净，沥干

1 颗中等大小的花椰菜，切成小朵

1 个中等大小的红薯，去皮、切丁

2 大把嫩菠菜

3/4 茶匙（4 ml）细海盐（或适量）

适量现磨黑胡椒粉

装饰（可选）
适量新鲜香菜，切碎

为什么看似普通的汤却非常好喝呢？这款汤并不起眼，但是它的味道却能惊艳你的味蕾，也许你会像我一样，喝了这款汤后在厨房中兴奋地手舞足蹈（我可从来没说过我是个正常人）。小扁豆、花椰菜等食材都很便宜，所以这款汤成本很低，而且印度香料（如咖喱）和生姜会让你在凉爽的日子里感到温暖。静置后的汤味道更浓郁，所以我更爱喝静置后的汤。

4 人份

准备时间：30 分钟 · **烹饪时间**：32 ~ 38 分钟

无麸质、无坚果、无大豆、无糖、无谷物

1. 取一口大号平底深锅，倒入油，以中火加热。放入洋葱丁和蒜末，翻炒 5 ~ 6 分钟，直至洋葱丁变成半透明状。

2. 加入姜末、1 汤匙（15 ml）咖喱粉、香菜粉和孜然粉，继续翻炒 2 分钟以上，直至散发出香味。

3. 加入蔬菜汤和红小扁豆，搅拌均匀。将混合物微微煮沸，转至小火，继续煮 5 分钟以上。

4. 将花椰菜和红薯丁放入锅中。盖上锅盖，转至中小火。炖 20 ~ 25 分钟，直至花椰菜和红薯丁变得软嫩。撒盐和黑胡椒粉进行调味。根据个人口味，可再加一些咖喱粉。将菠菜放入锅中，煮至菜叶变软。

5. 将印度小扁豆花椰菜汤舀入碗中，根据个人喜好，可以加入香菜碎做装饰。

夏日丰收玉米汤

1 汤匙（15 ml）特级初榨橄榄油

1 个黄洋葱，切丁

3 大瓣蒜，剁碎

适量细海盐

适量现磨黑胡椒粉

1 个大个的红彩椒，切丁

1 个墨西哥辣椒（可选），去籽（可选），切丁

2 根新鲜玉米的玉米粒或 1½ 量杯（375 ml）冷冻玉米粒

1 根中等大小的西葫芦，切块

1 瓶（680 g）番茄酱或 1 罐（680 g）番茄膏

3 量杯（750 ml）蔬菜汤

2 茶匙（10 ml）孜然粉

1/2 茶匙（2 ml）辣椒粉

1/4 茶匙（1 ml）卡宴辣椒粉

1 瓶（425 g）黑豆罐头，去汁、洗净

搭配（可选）

适量牛油果，切片

适量烤墨西哥薄饼条（见本页的小贴士）

适量新鲜柠檬汁

适量新鲜香菜

这款玉米汤是由夏入秋之时的滋补良品。西葫芦、玉米、彩椒、洋葱等是这款汤的主要食材，这些食材最好来自自家菜园或"农夫市场"。我总是在夏末制作很多玉米汤并将它们放入冰箱冷冻起来，等到天气转凉后再食用。

4 人份

准备时间：20 分钟 · 烹饪时间：27 ~ 32 分钟

无麸质、无坚果、无大豆、无糖、无谷物（可选）

1. 取一口大号平底深锅，倒入油，以中火加热。放入洋葱丁和蒜末，翻炒约 5 分钟。撒适量盐和适量黑胡椒粉调味。

2. 加入彩椒丁、墨西哥辣椒丁（如使用）、玉米粒和西葫芦块，搅拌均匀。转至中大火，继续翻炒 10 分钟以上。

3. 加入番茄酱（或番茄膏）、蔬菜汤、孜然粉、辣椒粉和卡宴辣椒粉，搅拌均匀。撒适量盐和适量黑胡椒粉调味。

4. 汤微微煮沸后，转至中火，煮 10 ~ 15 分钟（无须加盖），直至蔬菜变软。拌入黑豆，继续煮 2 分钟以上。

5. 将玉米汤倒入碗中。搭配你喜欢的配料即可食用。

小贴士

若要制作烤墨西哥薄饼条，可参考第 89 页的"香烤皮塔饼脆片"的配方，但是应将配方中的皮塔饼替换成墨西哥薄饼。烤制前，将薄饼切成 5 cm 长的条。可加入糙米或野米，提高汤品的营养价值。

如果你不想用瓶装的番茄酱，也可以使用罐装的番茄膏。伊甸园（Eden）品牌的有机产品就非常好。

十全十美腰果蔬菜汤

3/4 量杯（175 ml）浸泡好的生腰果（第9页）

6 量杯（1.5 L）蔬菜汤

2 茶匙（10 ml）特级初榨橄榄油

4 瓣蒜，剁碎

1 个白洋葱或黄洋葱，切丁

3 根中等大小的胡萝卜，切块

1 个红彩椒，切块

1½ 量杯（375 ml）去皮切块的红薯、马铃薯或冬南瓜

2 根西芹，切段

1 瓶（793 g）番茄丁罐头，带汁

1 汤匙（15 ml）十味混合香料（第270页）

适量细海盐

适量现磨黑胡椒粉

2 片月桂叶

1～2 量杯嫩菠菜或去茎、撕成小片的羽衣甘蓝叶（可选）

1 瓶（425 g）鹰嘴豆罐头或其他豆类罐头（可选），去汁、洗净

这款蔬菜汤浓郁细腻，内含一系列有益于健康的香料，可谓是"治愈系"食物的终极版本，让人欲罢不能！计划制作这款汤时，务必提前一晚将生腰果放入水中浸泡一整晚。

6 人份

准备时间：30 分钟 · **烹饪时间**：23～25 分钟

无麸质、无大豆、无糖、无谷物

1. 将浸泡好并沥干的腰果和 1 量杯（250 ml）蔬菜汤放入搅拌器，调至高速搅打至细滑。将制作好的腰果混合物放在一旁备用。

2. 取一口大号平底深锅，倒入油，以中火加热。放入蒜末和洋葱丁，翻炒 3～5 分钟或直至洋葱丁呈半透明状。

3. 加入胡萝卜块、彩椒块、红薯块（或马铃薯块／南瓜块）、西芹段、番茄丁（带汁）、余下的 5 量杯（1.25 L）蔬菜汤、腰果混合物和十味混合香料，搅拌均匀。煮沸后转至中小火，撒适量盐和适量黑胡椒粉调味，并加入月桂叶。

4. 无须加盖，炖至少 20 分钟，直至蔬菜变得软嫩。撒适量盐和适量黑胡椒粉调味。如有需要，出锅前 5 分钟，将菠菜或羽衣甘蓝叶（如使用）和鹰嘴豆或其他豆类（如使用）放入锅中，搅拌均匀。扔掉月桂叶，即可享用！

小贴士

如果你没有制作十味混合香料的食材，也可使用你喜欢的卡真调料或克里奥尔调料进行调味。

排毒养颜蔬菜汤

1½ 茶匙（7 ml）椰子油或橄榄油

1 个白洋葱，切丁

3 瓣蒜，剁碎

3 量杯（750 ml）切片的小褐菇或白蘑菇

1 量杯（250 ml）胡萝卜块

2 量杯（500 ml）切成小朵的西蓝花

适量细海盐

适量现磨黑胡椒粉

1½ ~ 3 茶匙（7 ~ 15 ml）擦碎的去皮新鲜生姜

1/2 茶匙（2 ml）姜黄粉

2 茶匙（10 ml）孜然粉

1/8 茶匙（0.5 ml）肉桂粉

5 量杯（1.25 L）蔬菜汤

2 片大块的紫菜（可选），切成2.5 cm 宽的条

2 量杯（500 ml）撕碎的羽衣甘蓝叶

适量新鲜柠檬汁（可选）

来 吧，所有爱吃蔬菜的人们！如果你想要排出体内的毒素，尤其是在放纵自我的假期后，这款蔬菜汤再适合不过了。它包含各种有利于排毒养颜、提高免疫力的食材，比如西蓝花、生姜、蘑菇、羽衣甘蓝、紫菜、蒜等，能够让你的身体更健康。

3 人份

准备时间：25 分钟 · 烹饪时间：21 ~ 32 分钟

无麸质、无坚果、无大豆、无糖、无谷物

1. 取一口大号平底深锅，倒入油，以中火加热。放入洋葱丁和蒜末，翻炒约 5 分钟，直至洋葱丁变软，呈半透明状。

2. 加入蘑菇片、胡萝卜块和西蓝花，翻炒均匀。加入适量盐和适量黑胡椒粉调味，继续翻炒 5 分钟以上。

3. 拌入姜末、姜黄粉、孜然粉和肉桂粉，翻炒 1 ~ 2 分钟，直至食材散发出香味。

4. 倒入蔬菜汤，搅拌均匀。煮沸后转至中小火，炖 10 ~ 20 分钟，直至蔬菜变得软嫩。

5. 出锅前，拌入紫菜（如使用）和羽衣甘蓝叶，加热至食材变软。撒适量盐和适量黑胡椒粉调味，根据个人喜好，加入适量新鲜柠檬汁。

番茄浓汤配烤鹰嘴豆

烤鹰嘴豆

1 瓶（425 g）鹰嘴豆罐头，去汁、洗净

1 茶匙（5 ml）葡萄籽油或液态椰子油

1/2 茶匙（2 ml）干牛至

1/8 茶匙（0.5 ml）卡宴辣椒粉

1 茶匙（5 ml）大蒜粉

1/4 茶匙（1 ml）洋葱粉

3/4 茶匙（4 ml）细海盐或有机香草蔬菜味海盐

番茄浓汤

1 汤匙（15 ml）特级初榨橄榄油

1 个小的或中等大小的（1½ ~ 2 量杯 /375 ~ 500 ml）黄洋葱，切丁

2 大瓣蒜，剁碎

1/2 量杯（125 ml）浸泡好的生腰果（第 9 页）

2 量杯（500 ml）蔬菜汤

1 瓶（793 g）去皮整番茄罐头，带汁

1/4 量杯（60 ml）油浸日晒番茄干，沥干

3 ~ 4 汤匙（45 ~ 60 ml）番茄酱

1/2 ~ 1 茶匙（2 ~ 5 ml）干牛至

3/4 ~ 1 茶匙（4 ~ 5 ml）细海盐

1/2 茶匙（2 ml）现磨黑胡椒粉（或适量）

1/4 ~ 1/2 茶匙（1 ~ 2 ml）干百里香

组装用的其他食材

适量新鲜罗勒叶

适量橄榄油

适量现磨黑胡椒粉

这是一款经典的番茄浓汤，味道鲜美、有益健康，而且不含任何畜产品。少量浸泡过的腰果将为番茄汤增添浓郁的香气，日晒番茄干将使番茄汤的口味更加醇厚，与传统的油炸面包块相比，爽脆的鹰嘴豆毫不逊色。务必将生腰果放入水中浸泡一整晚，以便制作这款汤时直接使用。

8 量杯（2 L）

准备时间：20 分钟 · 烹饪时间：55 ~ 71 分钟

无麸质、无大豆、无糖、无谷物

1. 先制作烤鹰嘴豆。将烤箱预热至 220℃。在烤盘中铺一层厨房纸。将鹰嘴豆放在上面，再盖上几张厨房纸。用手滚动，将鹰嘴豆的水分完全吸干。扔掉厨房纸。

2. 将鹰嘴豆倒入大碗中，加入葡萄籽油（或液态椰子油）、牛至、卡宴辣椒粉、大蒜粉、洋葱粉和 3/4 茶匙（4 ml）盐，搅拌均匀。在烤盘里铺一层烘焙纸，将鹰嘴豆均匀地撒在上面。

3. 将烤盘放入烤箱，烤 15 分钟后将烤盘取出并左右摇晃，将烤盘放回烤箱继续烤 15 ~ 20 分钟。仔细观察，直至鹰嘴豆的表面微焦、呈金黄色。

4. 取出鹰嘴豆冷却至少 5 分钟。冷却后的鹰嘴豆将变得酥脆。

5. 再制作番茄浓汤。取一口大号平底深锅，倒入橄榄油，以中火加热。放入洋葱丁和蒜末，翻炒 5 ~ 6 分钟或直至洋葱呈半透明状。

6. 将浸泡好的腰果和蔬菜汤倒入搅拌器，调至高速搅打至混合物拥有奶油般的细腻质感。加入蒜和洋葱的混合

物、整番茄（带汁）、日晒番茄干和番茄酱，再次调至高速搅打至顺滑。

7. 将番茄混合物倒入炒洋葱的平底深锅中，以中大火加热至即将沸腾。根据个人口味，拌入适量牛至、盐、黑胡椒粉和百里香调味。

8. 转至中火，无须加盖，炖 20 ~ 30 分钟，直至食材散发出香味。

9. 将番茄浓汤舀入碗中，每份汤撒上 1/3 ~ 1/2 量杯（75 ~ 125 ml）烤鹰嘴豆。放入新鲜罗勒叶，淋上适量橄榄油并撒上适量现磨黑胡椒粉，立即享用吧！

小贴士

烤鹰嘴豆放在汤中太久将不再酥脆，因此，应在开始用餐时加入鹰嘴豆，或一边喝汤一边加。

如果鹰嘴豆有剩余，可以待其冷却后装入袋子或容器并放入冰箱冷冻保存。冷冻的鹰嘴豆比室温保存的鹰嘴豆更容易保持酥脆。重新加热时，只须将冷冻鹰嘴豆放入烤箱，以 220℃ 的温度烘烤 5 分钟或更长时间，直至鹰嘴豆完全解冻。这样，即食烤鹰嘴豆就大功告成了！

第六章 主菜

研发本书的配方时，我觉得让素食主义者和肉食主义者都喜欢这些配方是非常重要的。如果某个配方达不到这个要求，那么我就不会把它收录在本书中，或者会尝试调整和改善配方。我也会为一些杂食主义者烹饪食物，所以我相信，本章中的配方会让所有人都喜欢。因为我们有一个共同点：都爱可口的食物！本章中，我将为你介绍各种健康的工作日晚餐，例如"蘑菇番茄酱配意大利面食"（第 153 页）、"快手奶香牛油果酱意大利面"（第 165 页）、"快捷易做的玛莎拉鹰嘴豆米饭"（第 155 页）、"小扁豆核桃糕配苹果酱"（第 159 页）、"超抢手美式墨西哥焗菜"（第 141 页）等更加精致的菜肴。如果你正在寻找一款能征服众人的素饼，可以试试"最爱的黑豆胡萝卜饼"（第 147 页），如果你想找一款能快速做好的菜肴，可以试试让人垂涎的"大褐菇烤饼配羽衣甘蓝香蒜酱"（第 161 页）。

红薯黑豆玉米卷配牛油果香菜"奶油"酱

玉米卷

2 量杯（500 ml）去皮的红薯块

1 汤匙（15 ml）特级初榨橄榄油

1 个红洋葱，切块

2 大瓣蒜，剁碎

适量细海盐

适量现磨黑胡椒粉

1 个彩椒，切块

1 罐（425 g）黑豆罐头，去汁、洗净

2 大把菠菜，切段

2½ 量杯（625 ml）五分钟墨西哥玉米卷酱（第286页）

1 汤匙（15 ml）新鲜柠檬汁

1 茶匙（5 ml）辣椒粉（或适量）

1/2 茶匙（2 ml）孜然粉

1/2 茶匙（2 ml）犹太盐（或适量）

5 张发芽谷物玉米饼或无麸质玉米饼

牛油果香菜"奶油"酱

1/2 量杯（125 ml）新鲜香菜

1 个中等大小的牛油果，去核

2 汤匙（30 ml）柠檬汁

1/4 茶匙（1 ml）细海盐

1/2 茶匙（2 ml）大蒜粉

装饰

适量新鲜香菜叶

适量小葱，切成圈

旦你吃了这款由红薯、黑豆、菠菜等制作而成的玉米卷，你或许就会将所有的奶酪都抛诸脑后。浓郁的牛油果搭配香菜、柠檬、大蒜粉以及盐，做出来的酱味道可口又有益于健康，令人回味无穷。这款玉米卷不需要使用奶酪，其中的"五分钟墨西哥玉米卷酱"味道好又易于制作，做过之后你或许再也不会购买超市里那些现成的酱了！

5 人份

准备时间：30 分钟 · 烹饪时间：30 ~ 37 分钟

无麸质（可选）、无坚果、无大豆、无糖

1. 将烤箱预热至 180℃。在大号长方形烤盘（2.8 L）中抹一层薄薄的油。

2. 先制作玉米卷。将红薯块放入平底深锅，加水，直至刚好没过所有红薯块。将水煮沸，转至中大火，继续加热 5 ~ 7 分钟或直至可用叉子轻易插入红薯块即可。捞出红薯块，沥干，放在一旁备用。

3. 取一口大号煎锅，倒入油，以中火加热。倒入洋葱块和蒜末，翻炒约 5 分钟，直至洋葱呈半透明状。撒适量盐和适量黑胡椒粉调味。

4. 加入彩椒块、红薯块、黑豆和菠菜段。转至中大火，继续翻炒几分钟或直至菠菜变软。红薯馅料就做好了。

5. 关火，将 1/4 量杯（60 ml）墨西哥玉米卷酱、1 汤匙（15 ml）柠檬汁、辣椒粉、孜然粉和犹太盐倒入锅中，搅拌均匀。

6. 将 1 量杯（250 ml）墨西哥玉米卷酱均匀地铺在烤盘底部。分别舀 3/4 量杯（175 ml）红薯馅料放在每张玉

米饼上，将所有玉米饼卷起来放入烤盘，饼皮的接合处向下。将余下的墨西哥玉米卷酱抹在玉米饼表面。如果有剩余的红薯馅料，也可将它们铺在玉米饼上。

7. 将烤盘放入烤箱，无须加盖，烤 20 ~ 25 分钟，直至酱变为深红色、玉米卷完全热透。

8. 再制作牛油果香菜"奶油"酱。将 1/2 量杯（125 ml）香菜放入食物料理机打碎，加入牛油果、2 汤匙（30 ml）柠檬汁、1/4 茶匙（1 ml）盐、大蒜粉和 3 汤匙（45 ml）水，继续搅打至顺滑即可。其间，若搅拌缸内壁上粘有混合物，可暂停搅打，将混合物刮下来后再继续。

9. 将烤好的玉米卷装盘，不要挨得太近，淋上少许牛油果香菜"奶油"酱。撒上小葱圈和适量香菜叶进行点缀。

超抢手美式墨西哥焗菜

美式墨西哥混合香料

1 汤匙（15 ml）辣椒粉

1½ 茶匙（7 ml）孜然粉

1 茶匙（5 ml）烟熏红椒粉（甜味）或 1/2 茶匙（2 ml）普通红椒粉

1/4 茶匙（1 ml）卡宴辣椒粉（或适量）

1¼ 茶匙（6 ml）细海盐

1/4 茶匙（1 ml）香菜粉（可选）

焗菜

1 份美式墨西哥混合香料

1½ 茶匙（7 ml）特级初榨橄榄油

1 个红洋葱，切丁

3 瓣蒜，剁碎

1 个橙色彩椒，切丁

1 个红彩椒，切丁

1 个墨西哥辣椒，去籽（可选）、切丁

适量细海盐

适量现磨黑胡椒粉

1/2 量杯（125 ml）新鲜或冷冻玉米粒

1 瓶（396 g）番茄丁罐头，带汁

1 量杯（250 ml）番茄酱或番茄泥

2 ~ 3 量杯（500 ~ 750 ml）撕碎的羽衣甘蓝叶或嫩菠菜

1 瓶（425 g）黑豆罐头，去汁、洗净

3 量杯（750 ml）煮熟的野米混合物或糙米（第 288 页）

1/2 量杯（125 ml）"奶酪"碎，比如黛雅（Daiya）牌"奶酪"碎

1 ~ 2 把墨西哥玉米饼片，压碎

搭配（可选）

小葱圈·萨尔萨辣酱·牛油果·玉米片·腰果"奶油"（第267 页）

在我为这本书试做的所有焗菜中，这一道征服了包括男性和儿童在内的所有人。这道墨西哥焗菜不仅味道好，制作起来也很方便。我至今都不敢相信，使用一些简单的食材，比如米饭、蔬菜等，竟能制作出一道如此惊艳的美食。虽然焗菜本身已经很好吃了，但是我发现，搭配牛油果、萨尔萨辣酱、玉米片、小葱、"腰果'奶油'"（第 267 页）等食材更是加分不少。所以，大胆发挥你的想象力吧！

6 人份

准备时间：30 分钟 · 烹饪时间：27 ~ 33 分钟

无麸质、无坚果、无大豆、无糖

1. 先制作美式墨西哥混合香料。将辣椒粉、孜然粉、红椒粉、卡宴辣椒粉、1¼ 茶匙（6 ml）盐和香菜粉（如使用）放入小碗中并搅拌均匀。放在一旁备用。

2. 再制作焗菜。将烤箱预热至 190℃。在一口大烤锅（4 ~ 5 L）中抹一层油。

3. 取一口大号炒锅，倒入油，以中火加热。加入洋葱丁、蒜末、彩椒丁和墨西哥辣椒丁，翻炒 7 ~ 8 分钟，直至食材变软。撒适量盐和适量黑胡椒粉调味。

4. 将美式墨西哥混合香料、玉米粒、番茄丁（带汁）、番茄酱（或番茄泥）、羽衣甘蓝叶（或嫩菠菜）、黑豆、米饭和 1/4 量杯（60 ml）"奶酪"碎倒入炒锅中，翻炒几分钟。可根据个人喜好多撒适量盐和适量黑胡椒粉调味。

5. 把步骤 4 中的混合物倒入烤锅中，抹平表面，撒上压碎的玉米饼片和余下的"奶酪"碎。盖上锅盖或用锡纸密封，放入烤箱，烤 15 分钟。

6.揭开锅盖或锡纸，继续烤 5 ~ 10 分钟，直至混合物的边缘开始冒泡、呈浅浅的金黄色即可。

7.将焗菜舀入碗中，添加自己喜欢的配菜即可享用！

小贴士

我建议事先将米煮熟，以便节省做菜的时间。你也可以使用冷冻熟米饭（只须在做菜前解冻即可）。

泰式花生酱沙拉面条或
香橙枫糖味噌酱沙拉面条

泰式花生酱

1 大瓣蒜

2 汤匙（30 ml）烤过的香油

3 汤匙（45 ml）天然柔滑花生酱

2 茶匙（10 ml）现磨的新鲜生姜
（可选）

3 汤匙（45 ml）新鲜柠檬汁（或
适量）

2 汤匙 +1 茶匙（共 35 ml）低盐
日本酱油

1 ~ 2 茶匙（5 ~ 10 ml）白砂糖

香橙枫糖味噌酱

3 汤匙（45 ml）淡味噌

2 汤匙（30 ml）米醋

1 汤匙（15 ml）烤过的香油

1 汤匙（15 ml）芝麻酱

1/4 量杯（60 ml）鲜橙汁

1 茶匙（5 ml）枫糖浆

沙拉面条

115 g 无麸质荞麦面条

适量特级初榨橄榄油，用于淋在
面条上

1 袋（454 g）冷冻的去壳毛豆，
解冻

1 个红彩椒，切丁

1/2 根英国无籽黄瓜，切丁

1 根胡萝卜，切丝

4 根小葱，切段

1/4 量杯（60 ml）新鲜香菜叶，
切段

装饰

适量芝麻

适量小葱段

让我在泰式花生酱和香橙枫糖味噌酱之间做出选择，就好像让我说出自己最宠爱的孩子是哪一个一样困难，所以我必须将两者都列入这本书中。有选择总是更有趣一些，难道不是吗？如果你想要一款不含坚果的面条酱，那么你可以选择味噌酱。如果你特别喜欢花生酱，那么泰式花生酱再适合不过了。

4 人份

准备时间：25 分钟 · 烹饪时间：5 ~ 9 分钟

无麸质、无坚果（可选，如香橙枫糖味噌酱），无大豆（可选）

1. 制作泰式花生酱：将蒜、2 汤匙（30 ml）香油、花生酱、生姜末（如使用）、柠檬汁、酱油、糖和 2 ~ 3 汤匙（30 ~ 45 ml）水倒入迷你或普通食物料理机，搅打至充分混合。

制作香橙枫糖味噌酱：将味噌、醋、1 汤匙（15 ml）香油、芝麻酱、橙汁、1 汤匙（15 ml）水和枫糖浆倒入迷你或普通食物料理机，搅打至充分混合。

2. 制作沙拉面条。根据包装上的说明，将荞麦面条煮熟。应避免煮得过熟——一般煮 5 ~ 9 分钟即可，这得根据包装上的说明来定。捞出面条并沥干，用冷水冲洗后倒入大碗中，淋上少许特级初榨橄榄油（可防止面条粘在一起）。

3. 将毛豆[①]、彩椒丁、黄瓜丁、胡萝卜丝、小葱段（由

---

① 国外一般生吃毛豆。我们可根据需要，提前将毛豆煮熟。

—— 编者注

4根小葱切成）和香菜叶加入装面条的碗中，轻轻晃动至所有食材充分混合。

4.将花生酱或味噌酱淋在面条表面，酱的量根据个人喜好而定。再次晃动，直至花生酱或味噌酱均匀地附着在食材上。（将余下的花生酱或味噌酱装入密封容器，放入冰箱保存。冷藏条件下，最多可保存1周。）

5.将制作完成的沙拉面条均匀地盛入4个碗中，并用芝麻和适量小葱段做点缀。

小贴士

若要制作不含大豆的泰式花生酱，用椰子酱油代替低盐日本酱油即可，若要制作完全不含大豆的面条沙拉，也不要用毛豆。

若要制作不含大豆和麸质的味噌酱，可使用鹰嘴豆味噌。

若要制作生食版的沙拉"面条"，可以用螺旋状西葫芦丝（第21页）或长条状的西葫芦代替荞麦面条。

制作泰式花生酱时，可用杏仁酱代替花生酱。

最爱的黑豆胡萝卜饼

黑豆胡萝卜饼

3 汤匙（45 ml）亚麻籽粉

1 瓶（425 g）黑豆罐头，去汁、洗净

1 量杯（250 ml）擦碎的胡萝卜或红薯

1/3 量杯（75 ml）新鲜欧芹叶碎或香菜叶碎

2 大瓣蒜，剁碎

1/2 量杯（125 ml）红洋葱丁或黄洋葱丁

1/2 量杯（125 ml）烤过的葵花子（可选）

3/4 量杯（175 ml）无麸质纯燕麦片，打成粉

1/2 量杯（125 ml）斯佩尔特面包糠或发芽谷物面包糠（第 265页，可选）

1/2 汤匙（7.5 ml）特级初榨橄榄油

1~2 汤匙（15~30 ml）低盐日本酱油或椰子酱油（适量）

1 茶匙（5 ml）辣椒粉

1 茶匙（5 ml）干牛至

1 茶匙（5 ml）孜然粉

3/4~1 茶匙（3.5~5 ml）细海盐

适量现磨黑胡椒粉

搭配（可选）

适量烤面包

适量生菜叶

这款紧实而可口的黑豆胡萝卜饼拥有我以及我的家人们喜欢的所有特质——口感丰富、有嚼劲，还有一定的黏性，所以在烘烤过程中不易开裂。黑豆胡萝卜饼是很棒的食物，如果保存方法得当，可以保存 1周；如果做好后立即冷冻，就可以成为外出时方便携带的食品。这款饼可搭配烤制的种子面包或生菜叶，碾碎后也可以撒在沙拉上食用。说实话，无论怎么搭配，你永远都不会出错。这个配方的灵感来自于白水厨艺（Whitewater Cooks）系列食谱的作者谢利·亚当斯。你可以登录 www.whitewatercooks.com 了解更多关于谢利的信息——谢谢你，谢利！

8 人份

准备时间：25 分钟 · 烹饪时间：30~35 分钟

无坚果、无糖、无麸质（可选）、无大豆（可选）

1. 将烤箱预热至 180℃。在烤盘中铺一张烘焙纸。

2. 取一个小碗，将亚麻籽粉和 1/3 量杯（75 ml）温水倒入碗中，搅拌均匀。静置 5~10 分钟，直至变得浓稠。

3. 另取一个大碗，将黑豆捣成糊状，但要保留一些较为完整的黑豆，以丰富口感。将制作黑豆胡萝卜饼的其余食材与亚麻籽糊放入黑豆中一起搅拌至充分混合。可以根据个人喜好调整调料的用量。

4. 用水将手沾湿，将混合物做成 8 个大小均匀的饼坯，并将其压紧，避免在烘烤时开裂。将饼坯放入烤盘。

5. 将烤盘放入烤箱中烤 15 分钟，然后轻轻给饼翻面，继续烤 15~20 分钟，直至饼的表面变硬、呈金黄色。你也可以选择用烤架烤黑豆胡萝卜饼：以中火预热烤架，先

将饼坯放入烤箱，以 180℃的温度烤约 15 分钟，取出饼坯放在烤架上，两面分别烤几分钟，烤至呈金黄色即可。

6. 做好的黑豆胡萝卜饼可搭配烤面包或包裹在生菜叶中食用。

小贴士

　　若要制作不含麸质的黑豆胡萝卜饼，请使用无麸质燕麦和无麸质低盐日本酱油，不要用面包糠。

　　若要制作不含大豆的黑豆胡萝卜饼，请使用无大豆日本酱油（例如糙米日本酱油）或椰子酱油。

腰果酱墨西哥卷饼

腰果酱

3/4 量杯（175 ml）生腰果

1 瓣蒜

1/2 量杯（125 ml）无糖原味杏仁奶

1/4 量杯（60 ml）营养酵母

1½ 茶匙（7 ml）第戎芥末酱

1 茶匙（5 ml）白葡萄酒醋或柠檬汁

1/4 茶匙（1 ml）洋葱粉

1/2 茶匙（2 ml）细海盐

墨西哥卷饼

1 份腰果酱

1 量杯（250 ml）生藜麦

1 茶匙（5 ml）特级初榨橄榄油

1 瓣蒜，剁碎

1½ 量杯（375 ml）白洋葱丁

适量细海盐

适量现磨黑胡椒粉

3/4 量杯（175 ml）西芹丁

2 量杯（500 ml）切成小朵的西蓝花

3 ~ 4 汤匙（45 ~ 60 ml）油浸日晒番茄块（适量）

1/4 茶匙红辣椒面（可选）

4 张无麸质墨西哥薄饼或 4 片大的生菜叶

这款墨西哥卷饼让我想起了另一道菜——奶酪焗西蓝花，只是我用富含蛋白质的无麸质藜麦代替了意大利面食，并且添加了不含乳制品的丝滑腰果酱。将醇香暖胃的馅料包裹在墨西哥薄饼中，治愈系墨西哥卷饼便完成了！

4 人份

准备时间：25 分钟 · 烹饪时间：20 ~ 30 分钟

浸泡时间：一整晚

无麸质、无大豆、无糖

1. 先制作腰果酱。将腰果倒入碗中，加水至刚好没过所有腰果，浸泡一整晚。将腰果捞出并冲洗干净。

2. 将腰果、1 瓣蒜、杏仁奶、营养酵母、芥末酱、醋（或柠檬汁）、洋葱粉和 1/2 茶匙（2 ml）盐倒入食物料理机或搅拌器，搅打至顺滑。制作完成的"奶油"应较为浓稠。

3. 再制作墨西哥卷饼。按照第 288 页表格中的方法煮藜麦，煮熟后放在一旁备用。

4. 取一口大号炒锅，倒入油，以中火加热。放入蒜末和洋葱丁，翻炒约 5 分钟，直至洋葱呈半透明状。撒适量盐和适量黑胡椒粉调味。

5. 加入西芹丁、西蓝花和日晒番茄块，以中大火翻炒 10 ~ 15 分钟，直至西蓝花变软。

6. 将藜麦和"奶油"放入炒锅，搅拌至与食材充分混合。如需要，可加入红辣椒面。继续煨 5 ~ 10 分钟，直至食材熟透。将混合物舀入墨西哥薄饼（或生菜叶）中，将饼卷起即可食用。你也可以根据个人喜好在食用前用烤架烤一下卷饼。

蘑菇番茄酱配意大利面食

1 汤匙（15 ml）特级初榨橄榄油

1 个白洋葱，切丁

4 瓣蒜，剁碎（约 2 汤匙 /30 ml）

3 量杯（750 ml）切片的小褐菇

1/2 量杯（125 ml）新鲜罗勒，切碎

1 瓶（793 g）去皮整番茄或番茄丁罐头，带汁

6 ~ 8 汤匙（90 ~ 125 ml）番茄酱

1/2 ~ 1 茶匙（2 ~ 5 ml）细海盐（适量）

适量黑胡椒粉

1½ 茶匙（7 ml）干牛至

1/2 茶匙（2 ml）干百里香

1/4 茶匙（1 ml）红辣椒面或卡宴辣椒粉（可选）

2 汤匙（30 ml）奇亚籽（可选）

1 量杯（250 ml）煮熟的小扁豆（可选）

搭配
适量意大利面食（如意大利面、通心粉等）

我常常用蘑菇番茄酱搭配意大利面食、西葫芦"意大利面"和南瓜"意大利面"。蘑菇是可选食材，但是它不仅能为番茄酱提供丰富而醇厚的仿肉类口感，而且富含能消炎杀菌、增强免疫力的各种营养素。我喜欢在番茄酱中加入 2 汤匙奇亚籽（30 ml），以增强黏稠度，为人体补充 ω-3 脂肪酸。我想，这款番茄酱绝对是我自制的最健康、最丰盛的酱了！

5 ~ 6 量杯（1.25 ~ 1.5 L）

准备时间：20 分钟 · 烹饪时间：25 ~ 36 分钟

无麸质、无坚果、无大豆、无糖、无谷物

1. 取一口平底深锅，倒入油，以中火加热。放入洋葱丁和蒜末，搅拌均匀。翻炒 5 ~ 6 分钟，直至洋葱呈半透明状。撒适量盐和适量黑胡椒粉调味。

2. 加入蘑菇，转至中大火。翻炒 5 ~ 10 分钟，直至蘑菇中的大部分汁水被完全收干。

3. 加入罗勒碎、去皮整番茄（带汁）或番茄丁、番茄酱、适量盐、牛至和百里香，搅拌均匀。用木勺将整番茄切成块。如果你喜欢有大块番茄的番茄酱，就切得大一点儿；如果你喜欢有小块的番茄，就切得小点儿。如使用番茄丁，就不用切块了。如需要，可加入红辣椒面（或卡宴辣椒粉）、奇亚籽和小扁豆，搅拌均匀。

4. 转至中火，继续煮 15 ~ 20 分钟，其间应不时搅拌，防止烧糊。

5. 将做好的番茄酱浇在意大利面食上即可享用！

我喜欢在番茄酱中加入 1 量杯（250 ml）熟小扁豆（或豆腐丁、丹贝丁），以增加酱中蛋白质的含量。如果家中的孩子不喜欢小扁豆的口感，可以在使用前将小扁豆放入食物料理机打碎。打碎后的小扁豆拥有与碎牛肉相似的质感，能使番茄酱变得更浓稠。

快捷易做的玛莎拉鹰嘴豆米饭

1 汤匙（15 ml）椰子油或橄榄油

1½ 茶匙（7 ml）孜然粒

1 个黄洋葱，切丁

1 汤匙（15 ml）新鲜蒜末

1 汤匙（15 ml）剁碎的去皮新鲜生姜

1 个绿色塞拉诺辣椒，去籽（可选）、剁碎

1½ 茶匙（7 ml）玛莎拉混合香料粉（Garam Masala）

1½ 茶匙（7 ml）香菜粉

1/2 茶匙（2 ml）姜黄粉

3/4 茶匙（4 ml）细海盐（或适量）

1/4 茶匙（1 ml）卡宴辣椒粉（可选）

1 瓶（793 g）去皮整番茄罐头或番茄丁罐头，带汁

1 瓶（793 g）鹰嘴豆罐头或 3 量杯（750 ml）熟鹰嘴豆（第 276 页），去汁、洗净

搭配
1 量杯（250 ml）干/生印度香米（按第 288 页的方法煮熟）

装饰
适量新鲜柠檬汁
适量新鲜香菜

这 是一道印度风格的主菜，我非常喜欢这道主菜。（但是看着配方中那一长串香料清单，我总认为在家自制玛莎拉鹰嘴豆米饭非常费时。）当我扩充了自己的香料储备后，我再也没有借口拒绝制作这道成本低又容易制作的菜肴了。事实证明，将需要的食材放进锅中确实也没有想象中那么费时！你一定很好奇为什么自己总是无法提高做菜的速度。其实只要事先将食材都准备好，就可以提高做菜速度。

4 人份

准备时间： 15 ~ 20 分钟 · **烹饪时间：** 13 ~ 14 分钟

无麸质、无坚果、无大豆、无糖、无谷物（可选）

1. 取一口大号炒锅或平底深锅，倒入油，以中火加热。当水滴入锅中发出"刺刺"声时，转至中小火，加入孜然粒。翻炒 1 ~ 2 分钟，直至孜然粒呈金黄色、散发出香气。仔细观察，避免烧焦。

2. 转至中火，加入洋葱丁、蒜末、姜末和塞拉诺辣椒碎。翻炒几分钟，加入玛莎拉混合香料粉、香菜粉、姜黄粉、盐和卡宴辣椒粉（如使用），继续翻炒 2 分钟以上。

3. 将去皮整番茄（带汁）或番茄丁倒入锅中，用木勺将番茄切成块（如使用番茄丁，可不用切块）。你可以保留少许大块番茄，以丰富口感。

4. 转至中大火，加入鹰嘴豆，煮至混合物即将沸腾，继续煮 10 分钟或更长时间，使鹰嘴豆入味。

5. 搭配煮熟的印度香米食用。食用前，淋上柠檬汁并用香菜做点缀。

小贴士

　　为了让番茄汁更加浓稠，可以将1勺咖喱放入迷你食物料理机，搅打至顺滑，然后放入锅中，让汤汁变稠。

　　若要制作不含谷物的食物，可以用烤马铃薯代替印度香米。

小扁豆核桃糕配苹果酱

小扁豆核桃糕

1 量杯（250 ml）生绿小扁豆

1 量杯（250 ml）核桃仁，切碎

3 汤匙（45 ml）亚麻籽粉

1 茶匙（5 ml）特级初榨橄榄油

3 瓣蒜，剁碎

1 个中等大小的黄洋葱，切丁（约 2 量杯 /500 ml）

适量细海盐 +1 茶匙（5 ml）细海盐

适量现磨黑胡椒粉 +1/4 茶匙现磨黑胡椒粉

1 量杯（250 ml）西芹丁

1 量杯（250 ml）胡萝卜碎

1/3 量杯（75 ml）去皮甜苹果碎（可选）

1/3 量杯（75 ml）葡萄干

1/2 量杯（125 ml）无麸质燕麦粉

1/2 量杯（125 ml）斯佩尔特小麦面包糠或发芽谷物面包糠（第265 页）

1 茶匙（5 ml）干百里香或 2 茶匙（10 ml）新鲜百里香叶

1 茶匙（5 ml）干牛至

1/4 茶匙（1 ml）红辣椒面（可选）

巴萨米克苹果酱

1/4 量杯（60 ml）番茄酱

2 汤匙（30 ml）无糖苹果酱或苹果泥

2 汤匙（30 ml）巴萨米克醋

1 汤匙（15 ml）纯枫糖浆

装饰（可选）

适量新鲜百里香叶

这款小扁豆核桃糕改良自特里·瓦尔特斯的一个配方，他是一个美食作家。这道菜获得了来自博客读者、我的丈夫、我的孩子以及美食鉴赏家的高度评价，同时也被认为超越了传统的肉糕。当然，我非常同意这个看法！尽管这道菜的制作过程比较复杂，但它值得我们付出时间和努力。务必将所有的蔬菜都切碎，这样做出的糕才更紧实。我喜欢选择"花椰菜马铃薯泥配简易蘑菇汁"（第 195 页）、苹果酱和（或）蒸蔬菜与这款糕搭配食用。谢谢你带给我灵感，特里！

8 人份

准备时间：40 ~ 45 分钟 · 烹饪时间：69 ~ 81 分钟

无大豆、无精糖、无麸质（可选）

1. 先制作小扁豆核桃糕。按照第 288 页表格中的方法煮小扁豆。将熟小扁豆放入食物料理机搅打几秒，直至呈粗糙的糊状。保留一些较为完整的小扁豆，以丰富口感。盛出备用。

2. 将烤箱预热至 160℃。将核桃仁碎平铺在一个有边烤盘里，放入烤箱，烤 9 ~ 11 分钟。核桃仁碎烤好后放在一旁备用。然后将烤箱的温度调至 180℃，另取一个 22.5 cm × 12.5 cm 的长条烤盘，在烤盘中铺一层烘焙纸。

3. 取一口大号炒锅，倒入油，以中火加热。放入蒜末和洋葱丁，翻炒 5 分钟或直至洋葱呈半透明状。撒适量盐和适量黑胡椒粉调味。将西芹丁、胡萝卜碎、苹果碎（如使用）和葡萄干放入锅中，继续翻炒 5 分钟左右。

4. 将小扁豆、亚麻籽粉、核桃仁碎、燕麦粉、面包糠、1 茶匙（5 ml）干百里香或 2 茶匙（10 ml）百里香叶、牛至、

1 茶匙（5 ml）盐、红辣椒面（如使用）和 1/4 茶匙（1 ml）黑胡椒粉倒入锅中，翻炒至充分混合。可根据个人喜好调整调料的用量。

5. 将小扁豆混合物均匀地铺在长条烤盘中。用滚轴擀面杖将混合物的表面抹平，并将混合物压紧。

6. 再制作巴萨米克苹果酱：取一个小碗，将番茄酱、苹果酱（或苹果泥）、巴萨米克醋和枫糖浆倒入碗中，搅拌均匀。用勺子或糕点刷将做好的巴萨米克苹果酱抹在小扁豆混合物的表面。

7. 无须加盖，将长条烤盘放入烤箱烤 50～60 分钟，直至小扁豆核桃糕的边缘呈淡褐色。将小扁豆核桃糕取出，冷却 10 分钟。用黄油刀沿小扁豆核桃糕的边缘划一圈，小心地将其从烤盘（连同烘焙纸）中取出并放在冷却架上。冷却 30 分钟后，即可切片。如果在小扁豆核桃糕完全冷却前切片，可能导致其碎裂；如果待其完全冷却后切片，则可以保证其紧实不松散。食用前，根据个人喜好，可用新鲜百里香叶做点缀。

小贴士

若要制作不含麸质的小扁豆核桃糕，可使用无麸质面包糠代替斯佩尔特小麦面包糠。

大褐菇烤饼配羽衣甘蓝香蒜酱

大褐菇菌盖

2 朵中等大小的大褐菇

2 汤匙（30 ml）巴萨米克醋

2 汤匙 +1½ 茶匙（共 37 ml）新鲜柠檬汁

2 汤匙（30 ml）特级初榨橄榄油

1 瓣蒜，剁碎

1 茶匙（5 ml）干牛至

1 茶匙（5 ml）干罗勒

1/4 茶匙（1 ml）细海盐

1/4 茶匙（1 ml）现磨黑胡椒粉

羽衣甘蓝香蒜酱

1 瓣蒜

1 量杯（250 ml）去茎羽衣甘蓝叶

1/4 量杯（60 ml）油浸日晒番茄干

1/4 量杯（60 ml）线麻籽

1 汤匙（15 ml）新鲜柠檬汁

1 汤匙（15 ml）橄榄油

1/4 茶匙（1 ml）细海盐

搭配（可选）

适量烤面包

适量羽衣甘蓝叶或生菜叶

适量"焦糖"洋葱（见第 162 页的小贴士）

适量切片牛油果

适量切片番茄

适量三明治

适量卷饼

适量意大利面食

这是一款独一无二的夏日烤饼！如果你非常喜欢吃多汁大褐菇，那么你一定会疯狂爱上这款简单而又令人难以忘怀的烤饼。醇香的巴萨米克醋和柠檬汁为大褐菇带来独特的味道，搭配羽衣甘蓝香蒜酱和"焦糖"洋葱后，其味道更是无与伦比。这款烤饼可夹在烤面包里，也可以用羽衣甘蓝叶（或生菜叶）裹起来食用。

2 人份（香蒜酱有剩余）

准备时间：15～20 分钟 · 烹饪时间：8～10 分钟

腌制时间：30～60 分钟或一整晚

无麸质、无坚果、无大豆、无糖、无谷物

1. 先腌大褐菇菌盖。拧掉菌柄，将其丢弃或放入冰箱保存（可用来炒菜或留作他用）。用小勺子刮除菌盖上黑色菌褶。用湿毛巾轻轻擦拭菌盖的表面，去除碎屑。将醋、37 ml 柠檬汁、2 汤匙（30 ml）油、蒜末、牛至、罗勒、黑胡椒粉和 1/4 茶匙（1 ml）盐倒入一个大碗中。加入菌盖，轻轻晃动至酱均匀地附着在菌盖上。腌 30～60 分钟，每隔 15 分钟轻轻晃动一下菌盖，确保都腌制入味。也可根据个人喜好腌一整晚。

2. 腌大褐菇的同时，制作羽衣甘蓝香蒜酱。将大蒜放入食物料理机以点动模式打碎。加入 1 量杯（250 ml）羽衣甘蓝叶、日晒番茄干、线麻籽、1 汤匙（15 ml）柠檬汁、1 汤匙（15 ml）橄榄油、1/4 茶匙（1 ml）盐和 2 汤匙（30 ml）水，搅打至顺滑。其间，若搅拌杯内壁上粘有混合物，可暂停搅打，将混合物刮下来后再继续。

3. 以中大火预热烧烤盘或室外烤架。将菌盖放入烧烤盘中或室外烤架上，每面烤 4～5 分钟，直至菌盖的表面微焦、变得软嫩。

4.菌盖可以夹在烤面包里，也可以切成片放在生菜叶上，生菜叶上再放上足量的香蒜酱以及你喜欢的其他配料，将生菜叶卷起来即可食用。将余下的香蒜酱放入密封容器内，放入冰箱保存。冷藏条件下，可保存至少1周。菌盖搭配三明治、卷饼和意大利面食也同样好吃！

小贴士

若要制作"焦糖"洋葱，可以在锅中倒1汤匙（15 ml）油，将白洋葱或黄洋葱切成薄片放入锅中，以中火翻炒至呈金黄色，乃至浅褐色，但不可烧焦。通常情况下，翻炒约30分钟后，洋葱将释放天然糖分。

若要制作不含谷物的食物，可以不搭配烤面包，而是将大褐菇切片，用生菜叶裹起来食用。

可以搭配无麸质面包制作不含麸质的食物。

快手奶香牛油果酱意大利面

255 g 生意大利面（如需要，可使用无麸质意大利面）

1 ~ 2 瓣蒜（适量）

1/4 量杯（60 ml）新鲜罗勒叶

4 ~ 6 茶匙（20 ~ 30 ml）新鲜柠檬汁（适量）

1 汤匙（15 ml）特级初榨橄榄油

1 个中等大小的熟牛油果，去核

1/4 ~ 1/2 茶匙（1 ~ 2 ml）细海盐

适量现磨黑胡椒粉

适量柠檬皮屑

适量新鲜罗勒叶（可选）

小贴士

牛油果切片后氧化速度比较快，做好的酱最好立即食用。你可将吃不完的酱装入密封容器内，放入冰箱保存。冷藏条件下，可保存不超过 1 天。

若要制作不含谷物的"意大利面"，可用牛油果酱汁搭配螺旋状西葫芦丝（第 21 页）或长条状的西葫芦，也可搭配南瓜丝食用。

这是我在博客中分享的我最喜欢的配方之一，因为这道菜的准备过程以及奶香牛油果酱（不含乳制品）的制作过程都非常简单。对心脏有益的牛油果与蒜、橄榄油、新鲜罗勒叶、柠檬汁、海盐等食材的组合，打造出奶香牛油果酱的绝妙滋味，令人难以忘怀。

3 人份

准备时间：5 ~ 10 分钟

无麸质、无坚果、无大豆、无糖、无谷物（可选）

1. 将一大锅盐水煮沸。根据包装上的说明，将意大利面煮熟。

2. 煮意大利面的同时制作奶香牛油果酱。将蒜和罗勒叶放入食物料理机，用点动模式打碎。

3. 加入柠檬汁、油、牛油果和 1 汤匙（15 ml）水，继续搅打至顺滑。其间，若搅拌杯内壁上粘有混合物，可暂停搅打，将混合物刮下来后再继续。如果混合物过于浓稠，可再加入 1 汤匙（15 ml）水。撒盐和黑胡椒粉调味，奶香牛油果酱就做好了。

4. 将意大利面沥干，放回锅中。倒入奶香牛油果酱，搅拌均匀即可食用。如果意大利面有些凉了，你可以稍稍热一下。

5. 在意大利面上撒柠檬皮屑、黑胡椒粉以及新鲜罗勒叶（如使用）。

蛋白质能量女神碗

黑胡椒柠檬芝麻酱

黑胡椒柠檬芝麻酱

1/4 量杯（60 ml）芝麻酱

1 大瓣蒜

1/2 量杯（125 ml）新鲜柠檬汁（约 2 个柠檬）

1/4 量杯（60 ml）营养酵母

2~3 汤匙（30~45 ml）特级初榨橄榄油（适量）

1/2 茶匙（2 ml）细海盐（或适量）

适量现磨黑胡椒粉

蛋白质能量女神碗（小扁豆混合物）

1 份黑胡椒柠檬芝麻酱

1 量杯（250 ml）生绿小扁豆或生绿小扁豆和生黑小扁豆的混合物

1 量杯（250 ml）生斯佩尔特小麦或生普通小麦，浸泡一整晚

1½ 茶匙（7 ml）橄榄油

1 个小红洋葱，切片

3 瓣蒜，剁碎

1 个红彩椒，切块

1 个大番茄，切块

3 量杯（750 ml）菠菜或托斯卡纳羽衣甘蓝，切段

1/2 量杯（125 ml）新鲜欧芹叶，剁碎

适量细海盐

适量黑胡椒粉

小贴士

若要制作不含麸质的女神碗，可以用糙米或藜麦代替斯佩尔特小麦。

若要制作不含谷物的女神碗，不使用斯佩尔特小麦即可。

浓郁的黑胡椒柠檬芝麻酱包裹着富有嚼劲的小扁豆和爽脆的蔬菜，这就是蛋白质能量女神碗，这道菜的灵感来自于我最喜欢的素食餐厅之一——位于加拿大艾伯塔省卡尔加里市的"政变素食餐厅"（The Coup）。如果你希望利用冰箱中剩下的食材快速制作一份工作餐，那么这道菜是不错的选择。

4~6 人份

准备时间：30 分钟 · 烹饪时间：7~8 分钟

无坚果、无大豆、无糖、无麸质（可选）、无谷物（可选）

1. 先制作黑胡椒柠檬芝麻酱。将芝麻酱、蒜、柠檬汁、营养酵母、2~3 汤匙（30~45ml）特级初榨橄榄油、黑胡椒粉和 1/2 茶匙（2 ml）盐放入食物料理机，搅打至顺滑。盛出备用。

2. 根据第 288 页表格中的方法将小扁豆煮熟，然后盛出备用。

3. 根据第 288 页表格中的方法将斯佩尔特小麦煮熟，然后盛出备用。

4. 再制作蛋白质能量女神碗。取一口大号煎锅，倒入 1½ 茶匙（7 ml）橄榄油，以中火加热。放入洋葱片和蒜末，翻炒几分钟，直至洋葱呈半透明状。

5. 加入彩椒块和番茄块，翻炒 7~8 分钟，直至大部分汤汁被收干。

6. 加入菠菜（或托斯卡纳羽衣甘蓝），继续煎几分钟，直至菠菜变软。

7. 加入黑胡椒柠檬芝麻酱以及小扁豆和斯佩尔特小麦，转至小火，煨几分钟。关火，加入欧芹碎，搅拌均匀。

8. 撒适量盐和适量黑胡椒粉调味。

觉醒味噌能量碗

1 个红薯,切成 1 cm 厚的圆片

1½ 茶匙(7 ml)橄榄油或液态椰子油

适量细海盐

适量现磨黑胡椒粉

1 量杯(250 ml)生藜麦

组装用的其他食材

1 量杯(250 ml)冷冻的去壳毛豆,解冻

1 根中等大小的胡萝卜,切丝

2 根小葱,切小段

1/4 量杯(60 ml)新鲜香菜叶,切段

1 茶匙(5 ml)芝麻(可选)

1 茶匙(5 ml)线麻籽(可选)

1/2 量杯(125 ml)豆芽(可选)

适量香橙枫糖味噌酱(第 145 页)

小贴士

食用前再淋上香橙枫糖味噌酱,否则味噌酱会被藜麦吸收,导致味道变淡。

若要制作不含大豆的能量碗,可以不使用毛豆并使用不含大豆的味噌。

这道菜不仅有趣,还可以让你长时间保持精力充沛。味噌是有助于消化的发酵食物,可以为菜肴增添鲜味。如果你没有使用过味噌,可以先试一试香橙枫糖味噌酱,然后慢慢将味噌纳入自己的日常饮食之中。

2 人份

准备时间: 20 分钟 · **烹饪时间:** 28～30 分钟

无麸质、无坚果、无精糖、无大豆(可选)

1. 将烤箱预热至 200℃。在大号有边烤盘中铺一层烘焙纸。将红薯片铺在烤盘里,淋上少许油。用手将油均匀地涂抹在红薯片的两面上。撒适量盐和适量黑胡椒粉调味。将烤盘放入烤箱烤 20 分钟,取出烤盘,给红薯片翻面,继续烤 8～10 分钟,直至红薯片变得软嫩、呈淡褐色。

2. 烤红薯片的同时,根据第 288 页表格中的方法将藜麦煮熟。

3. 将所有食材组装在一起:将藜麦均匀地铺在 2 个盘子或碗中,撒适量盐和适量黑胡椒粉调味,再铺上红薯片、毛豆、胡萝卜丝、小葱段、香菜叶、芝麻(如使用)、线麻籽(如使用)和豆芽(如使用),淋上少许香橙枫糖味噌酱,即可享用!

豪华番茄罗勒螺丝形意大利面

1/2 量杯（125 ml）生腰果

1/2 量杯（125 ml）无糖原味杏仁奶

255 g 生螺丝形意大利面（如需要，可使用无麸质意大利面）

1 茶匙（5 ml）特级初榨橄榄油

1 个小洋葱，切丁

2 瓣蒜，剁碎

1½ 量杯（375 ml）新鲜或罐装番茄丁（如使用罐头，应去汁）

3 把菠菜

1 ~ 3 汤匙（15 ~ 45 ml）营养酵母（适量，可选）

1 量杯（250 ml）新鲜罗勒，切碎

2 ~ 3 汤匙（30 ~ 45 ml）番茄酱（适量）

1 茶匙（5 ml）干牛至

1/2 茶匙（2 ml）细海盐（或适量）

1/4 茶匙（1 ml）现磨黑胡椒粉（或适量）

小贴士

如果酱汁变稠或意大利面变干，可以额外加入少许无糖原味杏仁奶。

番茄罗勒螺丝形意大利面是我丈夫最喜欢的食物之一。他经常一边制作这道菜，一边感叹："这道菜太简单了，连我都可以做出这么好吃的食物！"事实上，是由浸泡过的生腰果制成的腰果杏仁奶将传统的番茄罗勒螺丝形意大利面提升到一个全新的高度。如果你已经厌倦了普通的意大利面红酱，可以尝试制作这道菜。不过我得提醒你——吃了这道菜之后，你可能再也无法离开它了！

3 人份

准备时间：20 分钟 · **烹饪时间**：17 ~ 30 分钟

浸泡时间：一整晚

无麸质（可选）、无大豆、无糖

1. 将腰果倒入碗中，加水至完全没过腰果，浸泡一整晚。将水倒掉并将腰果洗净，然后将腰果放入搅拌器中，加入杏仁奶，调至高速搅打至顺滑。将制作好的腰果杏仁奶盛出备用。

2. 将一大锅盐水煮沸。根据包装上的说明，把螺丝形意大利面煮至有嚼劲即可。

3. 取一口大号炒锅，倒入油，以中火加热。放入洋葱丁和蒜末，翻炒 5 ~ 10 分钟或直至洋葱呈半透明状。加入番茄丁和菠菜，以中大火加热 7 ~ 10 分钟，直至菠菜变软。

4. 加入腰果杏仁奶、营养酵母（如使用）、罗勒碎、番茄酱、牛至、1/2 茶匙（2 ml）盐和 1/4 茶匙（1 ml）黑胡椒粉，继续加热 5 ~ 10 分钟或直至食材熟透。

5. 捞出螺丝形意大利面，沥干，放入炒锅中。搅拌至意大利面与腰果杏仁奶充分混合，加热几分钟或直至食材热透。根据个人口味，可再撒适量盐和适量黑胡椒粉调味，可搭配你喜欢的配菜，立即享用！

"奶油"蔬菜咖喱米饭

1/2 量杯（125 ml）浸泡好的生腰果（第9页）

1 汤匙（15 ml）椰子油

1 个小洋葱，切丁

3 瓣蒜，剁碎

1½ 茶匙（7 ml）擦碎的去皮新鲜生姜

1 个青辣椒或墨西哥辣椒（可选），去籽（可选）、切丁

2 个中等大小的黄色马铃薯或 1 个中等大小的红薯，去皮、切丁（约 2 量杯 /500 ml）

2 根中等大小的胡萝卜，切丁（约 1½ 量杯 /375 ml）

1 个红彩椒，切丁

1 个大番茄，去籽、切丁

2 汤匙（30 ml）黄咖喱粉（或适量）

1/2 ~ 3/4 茶匙（2 ~ 3 ml）细海盐（或适量）

1 量杯（250 ml）冷冻或新鲜豌豆

搭配
适量印度香米饭

适量新鲜香菜叶

适量烤腰果

味温和的蔬菜咖喱米饭是我最爱的治愈系食物。由浸泡过的生腰果加水制成的香浓腰果"奶油"与各种各样的蔬菜完美结合，味道非常棒。制作这道主菜时，你可以尝试使用与配方中不同的蔬菜——西蓝花、花椰菜和红薯也是很好的选择。蔬菜咖喱与长粒米饭（比如印度香米）搭配食用，显得更加丰盛；也可以加入豆腐，以增加蛋白质的含量。这道主菜的口味较淡，微辣，如果你喜欢辛辣的食物，可以使用红咖喱粉。务必先将生腰果放入水中浸泡一整晚，以便做这道主菜时可以直接使用。

4 人份

准备时间：25 分钟 · 烹饪时间：30 分钟

无麸质、无大豆、无糖、无谷物（可选）

1. 将腰果和 3/4 量杯（175 ml）水倒入搅拌器，搅打至顺滑、呈奶油状即可。将制作好的腰果"奶油"盛出备用。

2. 取一口大号煎锅，倒入油，以中火加热。放入洋葱丁、蒜末和生姜碎，翻炒约 5 分钟，直至洋葱丁呈半透明状。加入青辣椒丁或墨西哥辣椒丁（如使用）、马铃薯丁（或红薯丁）、胡萝卜丁、彩椒丁、番茄丁、黄咖喱粉和盐，继续翻炒 5 分钟。

3. 将腰果"奶油"和豌豆拌入锅中，搅拌均匀。转至中小火，盖上锅盖。以中火煨约 20 分钟或直至可用叉子轻易叉入马铃薯即可。在加热的过程中，每隔 5 分钟搅拌一次。如果混合物偏干，可将火调小，加入少许水或油，搅拌均匀。

4. 搭配印度香米饭食用，食用前撒上少许香菜叶和烤腰果。

大褐菇"牛排"卷饼

大褐菇"牛排"

4~6朵大个的大褐菇（450~565 g）

2 汤匙 +1½ 汤匙（共 37 ml）葡萄籽油

2 汤匙（30 ml）新鲜绿柠檬汁

1 茶匙（5 ml）干牛至

1 茶匙（5 ml）孜然粉

3/4 茶匙（4 ml）辣椒粉

1/2 茶匙（2 ml）细海盐

适量现磨黑胡椒粉

炒蔬菜

1 汤匙（15 ml）葡萄籽油、橄榄油或椰子油

1 个大个的红彩椒，切长条

1 个大个的橙色彩椒，切长条

1 个中等大小的黄洋葱，切长条

组装用的其他食材

4~6 张小墨西哥薄饼或 4~6 片生菜叶，用于包裹食材

适量切成片的牛油果

适量腰果"奶油"（第 267 页）

适量萨尔萨辣酱

适量新鲜绿柠檬汁

适量辣椒酱

适量香菜

适量生菜叶碎

对 大褐菇进行腌制并用香料调味，由此便可以打造一款素食版的卷饼或塔可。我的丈夫并不是很喜欢蘑菇，但是他非常喜欢这款卷饼，或许是因为他可以任意选择配料，从而创造出各种不同口味的卷饼。如果我们想在夏天吃一些较为清淡的食物，我们就会用生菜叶代替墨西哥薄饼，这样这款卷饼就不含麸质和谷物了。当然，你也可以选择搭配墨西哥玉米薄饼。

4~6 个

准备时间：30 分钟 · 烹饪时间：16~20 分钟

腌制时间：20~30 分钟

无麸质（可选）、无糖、无大豆、无谷物（可选）

1. 先制作大褐菇"牛排"。拧掉菌柄，将其丢弃或放入冰箱保存（可用来炒菜或留作他用）。用小勺子刮除菌盖上的黑色菌褶，并用湿毛巾轻轻擦拭菌盖的表面，去除碎屑。将菌盖切成 1 cm 宽的长条。

2. 取一个大碗，放入 37 ml 油、柠檬汁、牛至、孜然粉、辣椒粉、盐和黑胡椒粉。加入蘑菇条，轻轻晃动至酱汁均匀地附着在上面。腌 20~30 分钟，每隔 10 分钟晃动一次。

3. 腌蘑菇的同时炒蔬菜。取一口大号煎锅，倒入 1 汤匙（15 ml）油，以中火加热。加入彩椒条和洋葱条，以中大火翻炒约 10 分钟或直至蔬菜变软。

4. 以中火或大火预热烧烤盘。将蘑菇条放在烧烤盘中，每面烤 3~5 分钟或直至蘑菇条的表面出现漂亮的纹路。"牛排"便做好了。如果你喜欢，也可以烤一烤墨西哥薄饼。

5. 将墨西哥薄饼（或生菜叶）、"牛排"、炒蔬菜组装在一起。在盘子里铺 1 张墨西哥薄饼或生菜叶，将"牛排"、

炒蔬菜和你喜欢的配料放在上面。重复上述步骤，将薄饼等食材用完。你也可以让客人自制卷饼。尽情享用吧！

小贴士

你可以尝试用小扁豆核桃"肉"馅代替蘑菇"牛排"：将 1 瓣蒜、1½ 量杯（375 ml）熟小扁豆、1 量杯（250 ml）烤核桃仁、1½ 茶匙（7 ml）干牛至、1½ 茶匙（7 ml）孜然粉、1½ 茶匙（7 ml）辣椒粉、½ 茶匙（2 ml）细海盐、4~6 茶匙（20~30 ml）油以及 2 汤匙（30 ml）水倒入食物料理机中，用点动模式打至充分混合即可。

第七章　配菜

配菜往往是以植物为主的饮食中的无名英雄。在非素食餐厅就餐时，我曾经无数次将一些简单的配菜（比如炒鲜蘑或豆子）组合成一顿午餐或晚餐。这时候，同桌的友人总会用充满同情的眼神看着我，可是他们并不知道，这种饮食方式其实是我一直以来的习惯。

事实上，制作一顿简单的素食并不复杂，其宗旨便是用几种配菜组合成一顿营养均衡的饭。如果要做一顿简单的晚餐，我会尽量选择高蛋白的食物，比如我的最爱——"香蒜糖醋汁烤丹贝"（第 187 页）或"香蒜煎豆腐"（第 185 页），再搭配一种谷物，比如糙米，以及一些蔬菜，比如"羽衣甘蓝脆片"（第 189 页）或"意式腌蘑菇"（第 182 页）。通常情况下，我会提前准备谷物类食品并将它们放在冰箱内冷藏，将其作为工作日晚餐的备用配菜。食用时，只须从冰箱内取出它们，放入即将沸腾的水中或放入煎锅中加热即可。如果你正在为素饼的配菜犯愁，我推荐"羽衣甘蓝脆片"或"脆皮薯块"（第 191 页）。如果天气转凉，则可以试试"花椰菜马铃薯泥配简易蘑菇汁"（第 195 页）或"烤冬南瓜配烤杏仁山核桃奶酪"（第 197 页）。不管你需要哪一款配菜，都能在本章中找到可供参考的配方，从而满足你在不同场合的需求。

香烤彩虹萝卜配孜然香菜芝麻酱

香烤彩虹萝卜

2 把彩虹萝卜（790 g）

1 汤匙（15 ml）葡萄籽油

3/4 茶匙（4 ml）细海盐

1/2 茶匙（2 ml）孜然粒

1/2 茶匙（2 ml）香菜籽

1/4 茶匙（1 ml）现磨黑胡椒粉

孜然香菜芝麻酱

2 汤匙（30 ml）芝麻酱

4 茶匙（20 ml）新鲜柠檬汁

1 汤匙（15 ml）特级初榨橄榄油

1 茶匙（5 ml）孜然粉

1/2 茶匙（2 ml）香菜粉

1/4 茶匙（1 ml）细海盐

小贴士

由于彩虹萝卜的外皮较薄，我通常不去皮。如果你选用的食材是未经加工的普通胡萝卜，烤之前可能需要去皮——取决于胡萝卜的大小与厚度。

彩虹萝卜绝对称得上是世界上最美的蔬菜之一。紫、黄、橙、红——不含任何添加剂的缤纷色彩令人不禁赞叹大自然的精妙。在本配方中，我将介绍香烤彩虹萝卜的制作方法：先给萝卜抹一层油，再撒上孜然粒、香菜籽、盐和胡椒粉，然后放入烤箱烘烤，最后搭配清爽的孜然香菜芝麻酱即可食用。新鲜萝卜香甜可口，这是我最喜爱的春日好味道，我总能一个人吃掉一堆彩虹萝卜！当然，你也可以用普通的胡萝卜代替彩虹萝卜。

4 人份

准备时间：10 分钟 · **烹饪时间：**15 ~ 20 分钟

无麸质、无坚果、无大豆、无糖、无谷物

1. 先烤萝卜。将烤箱预热至 220℃，在有边烤盘内铺上烘焙纸。

2. 保留 5 ~ 7.5 cm 的萝卜茎，去除多余的部分。将萝卜洗净，擦干水。

3. 将萝卜放入烤盘。

4. 在萝卜上淋一些葡萄籽油，用手轻轻滚动萝卜，确保葡萄籽油均匀附着在萝卜表面。撒上盐、孜然粒、香菜籽和黑胡椒粉。萝卜之间应保持 1 cm 的距离。

5. 将烤盘放入烤箱，烤 15 ~ 20 分钟，或直至萝卜可用叉子轻易插入且不软烂，避免萝卜烤得过熟。

6. 再制作孜然香菜芝麻酱。将芝麻酱、柠檬汁、橄榄油、孜然粉、香菜粉以及盐放入小碗，搅拌均匀。

7. 将烤好的萝卜装盘，淋上少许酱。将剩余的酱倒在餐盘一侧备用。

意式腌蘑菇

900 g 小褐菇或双孢蘑菇（尽量购买小一点儿的蘑菇）

4 汤匙（60 ml）特级初榨橄榄油

2 大瓣蒜，切碎

1/2 量杯（125 ml）红葱头薄片（约3个红葱头）

1/3 量杯（75 ml）平叶欧芹，切碎

1/2 茶匙（2 ml）干百里香

1/2 茶匙（2 ml）干牛至

1/4 茶匙（1 ml）细海盐

1/4 茶匙（1 ml）现磨黑胡椒粉

3～4 汤匙（45～60 ml）巴萨米克醋（适量）

在我人生的第一个25年里，我一直都瞧不起蘑菇这样的食材。但是后来才发现，我是如此喜爱它们。所以，我必须补回失去的时间！蘑菇富含预防肿瘤的营养素，可以用来制作多种素食。腌蘑菇的制作非常简单，腌的时间越长，蘑菇的味道越好。900 g 蘑菇听起来似乎多得可怕，但是请记住，蘑菇加热后水分会大量流失。我想，你一定会和我一样，对它们消失得如此之快感到惊讶！

3～4 人份

准备时间： 10～15分钟 · **烹饪时间：** 9～11分钟

腌制时间： 2小时或一整晚

无麸质、无坚果、无大豆、无糖、无谷物

1. 拧掉菌柄，将其丢弃或放入冰箱保存（可以炒着吃或留作他用）。用小勺刮除菌盖上的黑色菌褶。

2. 准备一口大号炒锅，倒入2汤匙（30 ml）油，以中火加热。放入蒜末和红葱头片，翻炒2～3分钟。转至中大火，加入蘑菇。继续翻炒7～8分钟，其间要不时搅动，以免粘锅。

3. 用漏勺将混合物舀入大碗中，将锅中的水和油倒掉。将欧芹碎、百里香、牛至、盐、黑胡椒粉、醋和余下的2汤匙（30 ml）油放入锅中，翻炒至充分混合。

4. 蘑菇冷却20～30分钟后装入碗中，用保鲜膜把碗密封好并放入冰箱腌至少2小时或一整晚，使蘑菇味道更香。腌制过程中，每隔一段时间搅拌一次。

5. 腌好的蘑菇可作为冷食，也可以恢复室温之后再食用。可按自己的喜好装饰。

香蒜煎豆腐

1 块（454 g）老豆腐

1 茶匙（5 ml）大蒜粉

1/4 茶匙（1 ml）细海盐

1/4 茶匙（1 ml）现磨黑胡椒粉

1 汤匙（15 ml）液态椰子油或葡萄籽油

无须使用太多油，也能做出一款酥脆、口味清淡的煎豆腐。如果你家中有一口铸铁煎锅，可以用它来煎豆腐，这样煎出的豆腐更加酥脆（当然，一口普通的煎锅也能达到类似的效果）。

4 人份

准备时间: 5 ~ 10 分钟 · 烹饪时间: 6 ~ 10 分钟

无麸质、无坚果、无糖、无谷物

1. 按照第 271 页的步骤，将豆腐压一整晚或至少 20 分钟以去除水分。

2. 将豆腐切成 9 ~ 10 个（1 cm 厚）长方形，再将每个长方形切成 6 个小正方形，共切成 54 ~ 60 块。

3. 以中大火将铸铁煎锅（或普通煎锅）预热几分钟。

4. 将豆腐块、大蒜粉、盐和黑胡椒粉放入大碗中，轻轻晃动至调料均匀地附着在豆腐的表面。

5. 当水滴入锅中发出"刺刺"声时，开始煎豆腐。把油倒入锅中，倾斜煎锅使油均匀分布。在煎锅里平铺一层豆腐块（小心热油飞溅；如需要，可使用防油溅网）。

6. 煎 3 ~ 5 分钟，豆腐块底部呈金黄色后翻面，继续煎 3 ~ 5 分钟，直至两面都呈金黄色。立即享用!

香蒜糖醋汁烤丹贝

1 份（240 g）袋装丹贝

1/2 量杯（125 ml）巴萨米克醋

2 瓣蒜，切碎

4 茶匙（20 ml）低盐日本酱油

1 汤匙（15 ml）纯枫糖浆

1 汤匙（15 ml）特级初榨橄榄油

我曾经以为自己不会喜欢丹贝，它看起来也确实不像我喜欢的食材。经历了几次失败的尝试后，我几乎要把丹贝从我的食材列表里彻底删除了。然而，这道菜却改变了一切。从此以后，丹贝成了我最喜爱的新的食材之一。我要特别感谢我的朋友梅根·特勒普激发了我创作这道菜的灵感，她的博客地址是 www.meghantelpner. com。如果你曾经不喜欢丹贝，我建议你（不，是恳求你）尝试制作这道菜。它或许将改变你的生活！

3 人份

准备时间：5 分钟 · 烹饪时间：30 ~ 35 分钟

腌制时间：2 小时或一整晚

无麸质、无坚果、无精糖

1. 将丹贝洗净并拍干，切成 8 片（6 mm 厚），再沿对角线切开，共切成 16 片。也可以根据个人喜好，将丹贝切成任意形状。

2. 将巴萨米克醋、蒜末、酱油、枫糖浆和油放入大号玻璃烤盘，搅拌均匀。

3. 加入丹贝，轻轻晃动烤盘使腌料均匀地附着在丹贝表面。用锡纸将烤盘密封起来，然后放入冰箱腌制至少 2 小时或一整晚。每隔一段时间，轻轻晃动烤盘，使丹贝腌制入味。

4. 将烤箱预热至 180℃。

5. 在烤盘里铺一层丹贝，用锡纸密封。将烤盘放入烤箱烤 15 分钟。揭开锡纸，给丹贝翻面。无须用锡纸密封，继续烤 15 ~ 20 分钟，直至大部分腌料都被丹贝吸收。

羽衣甘蓝脆片

1 颗羽衣甘蓝，去茎、撕碎

1 汤匙（15 ml）特级初榨橄榄油

1/4～1/2 茶匙（1～2 ml）细海盐

1/4 茶匙（1 ml）现磨黑胡椒粉

适量你喜欢的香料或其他调料（可选）

适量番茄酱、是拉差辣椒酱或沙拉酱（作为蘸酱）

小贴士

如果不太熟悉羽衣甘蓝，你可能需要一段时间才能习惯它的味道。用心去品尝羽衣甘蓝，我向你保证，你会慢慢喜欢上它！

如果你愿意，也可以保留羽衣甘蓝的茎部，用于制作果汁或蔬果昔。

经过多次时好时坏的尝试后，我将在这本书里介绍一款完美的羽衣甘蓝脆片作为自己的目标。我测试了烤箱的所有温度——从高到低，最终发现，用稍微长一点儿的时间进行低温（150℃）烘烤是制作羽衣甘蓝脆片的最佳选择。低温烘烤使羽衣甘蓝受热更均匀（同时可以避免烧焦）。烘烤前，你可以在羽衣甘蓝上撒上自己喜欢的香料和调料。我喜欢用少许橄榄油、黑胡椒粉、海盐等食材进行调味，如果想让羽衣甘蓝有点儿甜味，我会将它们放在有机番茄酱里浸一下。如果你因为自己以前制作的羽衣甘蓝脆片味道不好而感到沮丧，我鼓励你尝试下面这个配方。

3 人份

准备时间：5～10 分钟 · 烹饪时间：17～20 分钟

无麸质、无坚果、无大豆、无糖

1. 将烤箱预热至150℃。在两个大号有边烤盘中各铺一层烘焙纸。将羽衣甘蓝叶冲洗干净，并使用沙拉脱水器去除羽衣甘蓝叶上的水分。

2. 将羽衣甘蓝叶放在一个大碗内，淋上少许橄榄油。用手拌菜叶，直至橄榄油均匀地附着在菜叶上。

3. 在烤盘中铺一层羽衣甘蓝叶，撒上盐、黑胡椒粉以及你喜欢的香料或其他调料（如使用）。烤10分钟，改变烤盘的方向，继续烤7～10分钟，直至菜叶变得酥脆，注意不可烧焦。取出羽衣甘蓝脆片，搭配番茄酱、是拉差辣椒酱或你喜欢的沙拉酱（如使用）食用。最好不要剩下，因为羽衣甘蓝脆片无法长时间保持酥脆。我通常会将它们放在烤盘内，作为当天的零食。

脆皮薯块

2 个大个的育空黄金马铃薯（约 450 g）

1 汤匙（15 ml）葛根粉

1 汤匙（15 ml）葡萄籽油

1/2 茶匙（2 ml）细海盐

适量现磨黑胡椒粉

适量大蒜粉、辣椒粉等其他调料（可选）

你只须花 5 ~ 10 分钟，就可以将马铃薯变成好吃的脆皮薯块。这道菜的制作方法并未用"煎"这种传统的烹饪方式，而是将包裹着葛根粉和少许油的马铃薯块放入烤箱烘烤。烤好的马铃薯块外皮金黄酥脆、香气四溢。脆皮薯块搭配"最爱的黑豆胡萝卜饼"（第 147 页），便是令人难以忘怀的一餐。

2 人份

准备时间：10 分钟 · **烹饪时间**：25 ~ 35 分钟

无麸质、无坚果、无大豆、无糖、无谷物

1. 将烤箱预热至 220℃。在有边烤盘中铺一层烘焙纸。

2. 将马铃薯纵向切成 4 份，再将每份切成两半（如果马铃薯较大，可切成 3 段）。

3. 将葛根粉和马铃薯块装入保鲜袋。将袋子的顶部捏紧，用力摇晃，直至葛根粉均匀地附着在马铃薯块上。

4. 将油倒入袋中，捏紧袋口，再次摇晃，直至马铃薯块被油完全包裹。我知道这个方法听起来有些奇怪，但是确实很管用！

5. 将马铃薯块铺在烤盘里，马铃薯块之间保留至少 2 cm 的距离。（马铃薯块之间的距离如果太近，烤好后就没有那么酥脆。）用盐、黑胡椒粉以及其他调料（如使用）调味。

6. 将烤盘放入烤箱烤 15 分钟后给马铃薯块翻面，继续烤 10 ~ 20 分钟，直至马铃薯块略微膨胀、呈金黄色。马铃薯块放得越久越不酥脆，最好立即食用。可搭配自己喜欢的酱食用。

迷迭香烤抱子甘蓝和小马铃薯

790 g 小马铃薯

340 g 抱子甘蓝

3 瓣蒜，剁碎

2 汤匙（30 ml）新鲜迷迭香碎

4 茶匙（20 ml）特级初榨橄榄油

1½ 茶匙（7 ml）黑糖或其他颗粒甜味食材

3/4 茶匙（4 ml）细海盐

适量细海盐（可选）

1/4 茶匙（1 ml）现磨黑胡椒粉

适量现磨黑胡椒粉（可选）

1/4 茶匙（1 ml）红辣椒面（可选）

在成长的过程中，我和大多数孩子一样，非常厌恶抱子甘蓝。但二十多岁时，我试吃了抱子甘蓝，并且在吃节日晚餐的过程中，渐渐喜欢上了抱子甘蓝。一开始，我将少许抱子甘蓝放在餐盘的边缘，尝试着接受它们。慢慢地，我发现自己越来越喜欢抱子甘蓝有像肉一样的口感。是的，我刚刚用"像肉一样"和"抱子甘蓝"组成了一个句子！这道菜的主要食材是小马铃薯（我最爱的一种马铃薯）、新鲜迷迭香、蒜和抱子甘蓝。尝试一下，你就会明白为何那些原本厌恶抱子甘蓝的人会喜欢上它！

4～5 人份

准备时间：20 分钟 · 烹饪时间：35～38 分钟

无麸质、无坚果、无大豆、无精糖、无谷物

1. 将烤箱预热至 200℃。在大号有边烤盘中铺一层烘焙纸。

2. 将小马铃薯清洗干净并擦干水，纵向切成两半，放在一个大碗中备用。

3. 将抱子甘蓝的根茎和松散的叶子去掉，洗净并擦干。纵向切成两半，放入装有马铃薯的大碗中。

4. 加入蒜末、迷迭香碎、油、糖（或其他颗粒甜味食材）、3/4 茶匙（4 ml）盐、红辣椒面（如使用）和 1/4 茶匙（1 ml）黑胡椒粉，搅拌至调料均匀地附着在马铃薯和抱子甘蓝的表面。将混合物倒入准备好的烤盘中。

5. 将烤盘放入烤箱烤 35～38 分钟，直至马铃薯呈金黄色、抱子甘蓝微焦。烤至一半时，应搅拌一次。根据个人口味，撒上适量盐和适量黑胡椒粉调味。立即享用吧！

花椰菜马铃薯泥配简易蘑菇汁

900 g 育空黄金马铃薯或黄色马铃薯，去不去皮皆可，切成2.5 cm 见方的丁

1 颗小的花椰菜（675 g），切成小朵

2 汤匙（30 ml）素黄油

1 茶匙（5 ml）细海盐（或适量）

现磨黑胡椒粉

1 瓣蒜，剁碎

适量植物奶（可选）

适量简易蘑菇汁（第268页）

小贴士

如果你喜欢花椰菜的味道，可以根据个人喜好调整花椰菜与马铃薯的用量。

花椰菜马铃薯泥以一种有趣的方式将花椰菜与普通的马铃薯泥相结合，这难道不是一个好主意吗？将花椰菜和马铃薯煮熟，一起捣成泥，营养就会更丰富。我喜欢用浓郁而健康的蘑菇汁搭配花椰菜马铃薯泥。当然，用少许素黄油或新鲜迷迭香碎搭配也是不错的选择。

6 人份

准备时间： 30 分钟 · **烹饪时间：** 20 分钟

无麸质、无坚果、无大豆、无糖、无谷物

1. 将马铃薯丁放入一口大号平底深锅中，加水至水面刚好没过马铃薯丁。将水煮沸后，继续煮 10 分钟（无须加盖）。

2.10 分钟后，将花椰菜倒入锅内。无须加盖，继续煮 10 分钟，直至可用叉子轻易插入花椰菜和马铃薯丁。

3. 将锅中的水倒掉，捞出马铃薯丁和花椰菜并沥干，重新放回平底深锅中。用马铃薯捣泥器将马铃薯丁和花椰菜捣碎，直至顺滑。加入素黄油、盐、黑胡椒粉和蒜末，搅拌均匀。此时不要往锅里加植物奶，因为捣碎的花椰菜会析出一些水分，从而稀释混合物。如需要，你可以在最后阶段加入适量植物奶。

4. 搭配简易蘑菇汁即可享用！

烤冬南瓜配烤杏仁山核桃奶酪

烤冬南瓜
烤冬南瓜

1 个（900~1350 g）冬南瓜

2 大瓣蒜，剁碎

1/2 量杯（125 ml）新鲜欧芹叶，切碎

1½ 茶匙（7 ml）特级初榨橄榄油

1/2 茶匙（2 ml）细海盐

杏仁山核桃奶酪

1/4 量杯（60 ml）杏仁

1/4 量杯（60 ml）山核桃仁

1 汤匙（15 ml）营养酵母（可选）

1½ 茶匙（7 ml）特级初榨橄榄油

1/8 茶匙（0.5 ml）细海盐

组装用的其他食材

1 量杯（250 ml）撕碎的去茎托斯卡纳羽衣甘蓝叶

烤冬南瓜与烤羽衣甘蓝叶以及烤杏仁山核桃奶酪的搭配将为你带来一道可口的秋日菜肴。毫无疑问，这道配菜是我的博客上最受欢迎的配菜之一。在制作这道菜的过程中，最困难的部分就是把南瓜切块。做好这一步，后面便容易多了。如果时间紧张，我偶尔会从超市买切好的冬南瓜，以节省制作时间。这可是我们之间的小秘密哦！

4 人份

准备时间: 30 分钟 · 烹饪时间: 41~48 分钟

无麸质、无大豆、无糖、无谷物

1. 先烤南瓜。将烤箱预热至 200℃。在烤锅（2.5~3 L）中抹一层薄薄的油。

2. 将南瓜去皮，切掉头尾两端，再纵向切成两半。用葡萄柚匙或冰激凌勺挖除南瓜子，再将南瓜切成 2.5 cm 见方的丁并倒入烤锅中。

3. 加入蒜末、欧芹末、1½ 茶匙（7 ml）油和 1½ 茶匙（7 ml）盐，搅拌均匀。

4. 给烤锅盖上锅盖或用锡纸密封，放入烤箱，烤 35~40 分钟或直至可用叉子轻易插入南瓜。

5. 烤南瓜的同时制作杏仁山核桃奶酪。将杏仁、山核桃仁、营养酵母（如使用）、1½ 茶匙（7 ml）油和 1/8 茶匙（0.5 ml）盐倒入食物料理机，用点动模式打至其呈粗颗粒状（或用手将坚果掰碎，与营养酵母、油和盐一起放入碗中并搅拌均匀）。

6. 取出南瓜，将烤箱温度调至 180℃。将羽衣甘蓝叶和杏仁山核桃奶酪撒在南瓜上。将烤锅放回烤箱，继续烤 6~8 分钟（无须加盖），直至坚果微焦、羽衣甘蓝叶变软。

第八章　能量零食

我的丈夫埃里克可以证明，只要有各种零食安抚我体内饥饿的"怪兽"，我就是一个很好相处的人。我的包里总是装着零食，一次，我在自己包的底部发现了一个干巴巴的苹果核，它在我包里已经两个月了。见此情形，埃里克只是无奈地摇摇头，并不吃惊。能量零食可以像鹰嘴豆泥配薄脆饼干那样简单，但是如果你想要有所创新，我希望本章的配方能够带给你无限的灵感。在本章中，我将为你介绍两种粗粮条的制作方法，它们来自我曾经营多年的一家烘焙店——"闪亮面包房（Glo Bakery）"。这是我第一次与大家分享这些配方！粗粮条是聚会或野餐的完美口袋零食，也可以放入冰箱作为方便即食的零食。如果你更喜欢咸味零食，我推荐"超级能量奇亚籽面包"（第 211 页）搭配椰子油或坚果酱。如果你想要来一些富含蛋白质的香脆零食，可以试试"完美烤鹰嘴豆"（第 210 页）。让我们为健康可口的小零食欢呼吧！

经典粗粮条

1½ 量杯（375 ml）无麸质纯燕麦片

1¼ 量杯（300 ml）脆米"麦片"

1/4 量杯（60 ml）线麻籽

1/4 量杯（60 ml）葵花子

1/4 量杯（60 ml）无糖椰丝

2 汤匙（30 ml）芝麻

2 汤匙（30 ml）奇亚籽

1/2 茶匙（2 ml）肉桂粉

1/4 茶匙（1 ml）细海盐

1/2 量杯（125 ml）+1 汤匙（15 ml）糙米糖浆

1/4 量杯（60 ml）烤花生酱或烤杏仁酱

1 茶匙（5 ml）纯香草精

1/4 量杯（60 m）不含乳制品的迷你巧克力豆（可选），比如享受生活（Enjoy Life）等品牌的巧克力

就是这款健康的粗粮条改变了我的人生！2009 年，我成功研发了素粗粮条的配方，这立刻引起了博客读者的关注。线上和线下的人们都为之疯狂，粗粮条逐渐变得广受欢迎，人们请求我将这款粗粮条卖给他们。因此，几个月后，我在网上创办了一家素食烘焙店并开始卖各种口味的粗粮条。每周我都要手工制作 500 多根粗粮条，这是我一生中的奇妙体验。当我开始写这本食谱时，我就想与大家分享几个最受欢迎的粗粮条配方，以表示我对忠实顾客的感谢，谢谢你们这么多年的大力支持！如果你还没有尝试过这款粗粮条，我希望你尝过后也能爱上它！

12 根

准备时间： 15 分钟

无麸质、无油、生食/免烤、无大豆、无精糖

1. 取一个 2.5 L 的方形蛋糕烤盘。在烤盘左右两侧各铺上一层烘焙纸。

2. 将燕麦片、脆米"麦片"、线麻籽、葵花子、椰丝、芝麻、奇亚籽、肉桂粉和盐倒入一个大碗中，搅拌均匀。

3. 准备一口小号平底深锅，倒入糙米糖浆和花生酱，搅拌均匀。先中火加热，再转大火，直至混合物变软、微微冒泡。关火，加入香草精，搅拌均匀。

4. 将花生酱混合物倒在燕麦混合物上，用抹刀将锅内的混合物刮干净。用大号金属勺搅拌，直至花生酱混合物均匀地附着在燕麦等谷物的表面。（碗里的混合物会变得非常黏稠，难以搅动。如果你累了，想象一下我制作 500 根粗粮条的情景，就会感觉好一点儿！）如果你想使用巧

克力豆，应在混合物冷却后再加入，以防巧克力受热熔化。

5. 将混合物均匀地倒在烤盘中。用水将手沾湿，将混合物压平。用滚轴擀面杖将混合物压得紧实、均匀，以防干裂。用手指按压混合物的边缘，使混合物表面变平整。

6. 将烤盘放入冰箱，无须加盖，冷冻 10 分钟或直至混合物变硬。

7. 拉起烘焙纸将混合物从烤盘中取出，放在砧板上。用比萨轮刀（或锯齿刀）切成 6 根，再分别对半切开，切成 12 根。

8. 将每根粗粮条用一张保鲜膜或锡纸包好，装入密封容器内并放入冰箱保存。冷藏条件下，可保存 2 周；冷冻条件下，可保存长达 1 个月。

小贴士

可以用葵花子酱代替烤花生酱。请购买低糖葵花子酱，因为无糖葵花子酱的后味较苦。

礼品版粗粮条

1/2 量杯（125 ml）山核桃仁，切碎

1½ 量杯（375 ml）无麸质纯燕麦片

1¼ 量杯（300 ml）脆米"麦片"

1/4 量杯（60 ml）南瓜子

1/4 量杯（60 ml）蔓越莓干

1 茶匙（5 ml）肉桂粉

1/4 茶匙（1 ml）犹太盐

1/2 量杯（125 ml）糙米糖浆

1/4 量杯（60 ml）烤杏仁酱或烤花生酱

1 茶匙（5 ml）纯香草精

这款礼品版粗粮条是我的烘焙店中最受欢迎的粗粮条之一，所以它理所当然应该出现在这本食谱中。由肉桂粉、蔓越莓干、南瓜子、烤山核桃仁等食材制成的粗粮条总能带给我假日般的享受。我喜欢在假期制作大量的礼品版粗粮条，将它们送给亲朋好友。这个粗粮条配方也是我送给各位读者的一份礼物！

12 条

准备时间：10 分钟 · 烹饪时间：10～12 分钟

无麸质、无油、无大豆、无精糖

1. 将烤箱预热至 150℃。取一个 2.5 L 的方形蛋糕烤盘。在烤盘左右两侧各铺上一层烘焙纸。

2. 将核桃仁碎均匀地铺在烤盘中，将烤盘放入烤箱，烤 10～12 分钟，直至核桃仁碎变得酥脆、呈淡金黄色。放在一旁冷却。

3. 将燕麦片、脆米"麦片"、南瓜子、蔓越莓干、肉桂粉和盐倒入一个大碗中，加入烤山核桃仁碎，搅拌均匀。

4. 将糙米糖浆和杏仁酱（或花生酱）放入一口小号平底深锅，搅拌均匀。先中火加热，再转大火，直至混合物变软、微微冒泡。关火，加入香草精，搅拌均匀。

5. 将杏仁酱（或花生酱）混合物倒在燕麦混合物上，用抹刀将锅内的混合物刮干净。充分搅拌，直至杏仁酱（或花生酱）混合物均匀地附着在燕麦等谷物的表面。（碗里的混合物会变得非常黏稠，难以搅动。）

6. 将混合物均匀地铺在烤盘中。用水将手沾湿，将混合物压平。用滚轴擀面杖将混合物压得紧实、均匀，以防开裂。用手指按压混合物的边缘，使混合物表面变平整。

7. 将烤盘放入冰箱，无须加盖，冷冻 10 分钟或直至混合物变硬。

8. 拉起烘焙纸将混合物从烤盘中取出，并放在砧板上。用比萨轮刀（或锯齿刀）切成 6 根，再分别对半切开，切成 12 根。

9. 将每根粗粮条用一张保鲜膜或锡纸包好，装入密封容器内并放入冰箱保存。冷藏条件下，可保存 2 周；冷冻条件下，可保存长达 1 个月。

盐醋味烤鹰嘴豆

1 瓶（425 g）鹰嘴豆罐头，去汁、洗净

2½ 量杯（625 ml）白醋

1 茶匙（5 ml）特级初榨橄榄油

1/2 茶匙（2 ml）细海盐或粗海盐

适量细海盐或粗海盐（可选）

小贴士

我建议你在煮鹰嘴豆时保持室内通风，因为白醋的味道非常刺鼻！就像我丈夫说的，这种味道让吸血鬼都不敢靠近。可别怪我没有提醒你哦！

喜欢盐醋味食品的人在哪里？我就是其中一个，盐醋味薯片是我最喜欢的童年零食，这款盐醋味烤鹰嘴豆比盐醋味薯片更健康。将鹰嘴豆倒入醋中煮开并腌半小时左右，捞出鹰嘴豆并淋上橄榄油，撒上适量盐，再放入烤箱烤至酥脆即可。正如人们所说，这款烤鹰嘴豆会让你欲罢不能！（烤好的鹰嘴豆如果一次吃不完，可参考第 210 页的小贴士进行储存。）

3 人份

准备时间： 30 分钟 · **烹饪时间：** 30 ~ 35 分钟

腌制时间： 25 ~ 30 分钟

无麸质、无坚果、无大豆、无糖、无谷物

1. 将鹰嘴豆和醋放入一口中号平底深锅中，加适量盐。将醋煮沸，继续煮约 30 秒后关火。鹰嘴豆的表皮可能会在煮的过程中脱落，这属于正常现象。盖上锅盖，腌 25 ~ 30 分钟。

2. 将烤箱预热至 200℃。在大号有边烤盘中铺一层烘焙纸。

3. 用漏勺捞出鹰嘴豆，将醋倒掉。沥掉鹰嘴豆上残留的醋，但是无须将鹰嘴豆完全沥干。

4. 将鹰嘴豆倒入烤盘，淋上橄榄油。用手指轻轻搓鹰嘴豆，直至橄榄油均匀地附着在鹰嘴豆上。撒盐调味。

5. 将烤盘放入烤箱烤 20 分钟，取出烤盘并轻轻摇晃，使鹰嘴豆滚动。再将烤盘放入烤箱继续烤 10 ~ 15 分钟，直至鹰嘴豆表面微焦、呈金黄色。

6. 取出烤盘，冷却 5 分钟。冷却后的鹰嘴豆会变得香脆可口。

完美烤鹰嘴豆

1 瓶（425 g）鹰嘴豆罐头，去汁、洗净

1/2 茶匙（2 ml）特级初榨橄榄油

1 茶匙（5 ml）大蒜粉

1/2 茶匙（2 ml）细海盐或有机香草蔬菜味海盐

1/2 茶匙（2 ml）洋葱粉

1/4 茶匙（1 ml）卡宴辣椒粉

小贴士

如果做好的鹰嘴豆一次吃不完，你可以在其冷却后，将其装入密封容器并放入冰箱保存。冷冻条件下，可保存 5 ~ 7 天。吃的时候再重新加热：将冷冻的鹰嘴豆放在烤盘里，再放入预热至 200℃ 的烤箱烤 5 ~ 10 分钟或直至鹰嘴豆热透，这样能使鹰嘴豆保持酥脆！

这是一个非常实用的烤鹰嘴豆配方。经过各种香料组合的测试后，我最终发现了一个令人疯狂的完美组合！如果你从未尝试过烤鹰嘴豆，那么请准备好享受美味吧！烤制的鹰嘴豆香脆可口，绝对是你理想的高蛋白口袋零食。想了解如何储存与重新加热吃不完的鹰嘴豆，请参考本页的小贴士。

3 人份

准备时间：10 分钟 · 烹饪时间：30 ~ 35 分钟

无麸质、无坚果、无大豆、无糖、无谷物

1. 将烤箱预热至 200℃。在大号有边烤盘中铺一层烘焙纸。

2. 将一块茶巾放在操作台上。把鹰嘴豆倒在上面，另取一块茶巾盖在上面。用手轻轻搓鹰嘴豆，直至其表面的水分被完全吸干。将鹰嘴豆小心地倒入烤盘。

3. 在鹰嘴豆上淋上橄榄油，摇晃烤盘，直至橄榄油均匀地附着在鹰嘴豆的表面。

4. 在鹰嘴豆上撒上大蒜粉、盐、洋葱粉和卡宴辣椒粉，再次摇晃烤盘，直至调料均匀地附着在鹰嘴豆的表面。

5. 将烤盘放入烤箱烤 20 分钟，取出烤盘并轻轻摇晃，使鹰嘴豆滚动。将烤盘放回烤箱继续烤 10 ~ 15 分钟，直至鹰嘴豆表面微焦、呈金黄色。取出烤盘，冷却 5 分钟，即可享用！

超级能量奇亚籽面包

1/2 量杯（125 ml）无麸质纯燕麦片

1/4 量杯（60 ml）生荞麦（或更多纯燕麦片）

1/2 量杯（125 ml）奇亚籽

1/4 量杯（60 ml）生葵花子

1/4 量杯（60 ml）生南瓜子

1 茶匙（5 ml）干牛至

1 茶匙（5 ml）糖（可选）

1/2 茶匙（2 ml）干百里香

1/2 茶匙（2 ml）细海盐

适量细海盐（可选）

1/4 茶匙（1 ml）大蒜粉

1/4 茶匙（1 ml）洋葱粉

这款奇亚籽面包富有嚼劲、口感紧实——它可不是普普通通的面包！奇亚籽面包是非常健康的市售面包的替代品，它富含蛋白质和膳食纤维，可以让你精力充沛。由于这款面包是我们经常吃的主食，所以我几乎每隔一周就会制作 2~3 批。你可以根据自己的喜好，尝试在配方中加入不同的芳香植物和香料。

8 人份

准备时间： 5 分钟 · **烹饪时间：** 25 分钟

无麸质、无坚果、无油、无大豆、无糖（可选）

1. 将烤箱预热至 160℃。取一个 2.5 L 的方形蛋糕烤盘，在左右两侧各铺上一层烘焙纸。

2. 将燕麦片和荞麦倒入破壁料理机，调至高速搅打至混合物呈粉状。

3. 将燕麦混合物、奇亚籽、葵花子、南瓜子、牛至、糖（如使用）、百里香、1/2 茶匙（2 ml）盐、大蒜粉和洋葱粉倒入一个大碗中，搅拌均匀。

4. 加入 1 量杯（250 ml）水，搅拌至充分混合。混合物将变稀。

5. 将混合物倒入烤盘中，用抹刀抹平表面。如需要，你也可以用打湿的手将混合物表面轻轻抹平。可根据个人喜好在混合物上撒少许盐。

6. 将烤盘放入烤箱，无须加盖，烤约 25 分钟或直至面包表面变硬。取出烤盘冷却 5 分钟。将面包移至冷却架上，继续冷却 5~10 分钟。面包切片后即可享用！

小贴士

　　将这款奇亚籽面包装入密封容器内，放入冰箱冷藏，可保存2~3天——或更长的时间，但是面包的口感会发黏。我总是把剩余的面包保存在冷冻室中。食用前解冻即可。

　　我喜欢将奇亚籽面包与椰子油、坚果酱或鹰嘴豆泥搭配起来食用。尽情发挥你的想象力吧！

奇亚籽布丁巴菲

布丁
3 汤匙（45 ml）奇亚籽
1 量杯（250 ml）植物奶
1/2 茶匙（2 ml）纯香草精
1½~3 茶匙（7~15 ml）枫糖浆
或龙舌兰糖浆（适量）

组装
1 份布丁
适量新鲜水果
适量终极版格兰诺拉麦片（第29 页）
适量香蕉软冰激凌（第 275 页）（可选）

奇亚籽布丁可以补充人体所需的 ω–3 脂肪酸，这种脂肪酸能让肌肤更有光泽。自制的"香草杏仁奶"（第 261 页）的加入让这款布丁更像乳脂。由于布丁的黏稠度取决于植物奶的用量，所以当你第一次尝试制作奇亚籽布丁巴菲时，无须担心布丁是否过稠或过稀。如果你制作的布丁过稀，可以加入奇亚籽，静置 30 多分钟；如果你制作的布丁过稠，可以加入少量杏仁奶稀释一下。如果你并不希望奇亚籽布丁拥有像西米露一般的口感，可以将奇亚籽放入搅拌器，搅打后再使用。

1 人份

准备时间：5 分钟

无麸质、无油、生食 / 免烤、无大豆、无精糖、无谷物、
无坚果（可选）

1. 先制作布丁。将奇亚籽、植物奶、香草精和枫糖浆（或尤舌兰糖浆）倒入碗中。将碗密封后放入冰箱，冷藏一整晚或至少 2 小时，直至混合物变得黏稠。

2. 将水果和格兰诺拉麦片混合在一起制成水果混合物。放一层奇亚籽布丁在巴菲杯中，再放一层水果混合物，如此重复直至食材用完。也可加入香蕉软冰激凌，从而带来冰凉、奶油般的口感。

小贴士

若要制作不含坚果的奇亚籽布丁巴菲，可使用不含坚果的植物奶，如椰奶等。

无油巧克力西葫芦麦芬

1 汤匙（15 ml）亚麻籽粉

1¼ 量杯（300 ml）植物奶

2 茶匙（10 ml）苹果醋或柠檬汁

2 量杯（500 ml）全麦派粉

1/2 量杯（125 ml）黑糖、椰子花糖或天然蔗糖

1/3 量杯（75 ml）无糖可可粉，过筛

1½ 茶匙（7 ml）泡打粉

1/2 茶匙（2 ml）小苏打

1/2 茶匙（2 ml）细海盐

3 汤匙（45 ml）纯枫糖浆

1 茶匙（5 ml）纯香草精

1/3 量杯（75 ml）迷你黑巧克力豆

2/3 量杯（150 ml）核桃仁（可选），切碎

1¼ 量杯（300 ml）西葫芦碎（约1/2 根中等大小的西葫芦）

小贴士

若要制作不含坚果的麦芬，可不加核桃仁。

低糖无油巧克力麦芬和绿色蔬菜一样健康！不用担心，你不会尝到任何西葫芦的味道，但是西葫芦却为巧克力麦芬增加了湿度，因此，不用放油也可以。试想一下，不含精糖的无油素巧克力麦芬会好吃吗？奇迹发生了，它们真的非常好吃！

12 个

准备时间：20 ~ 30 分钟 · 烹饪时间：15 ~ 17 分钟

无油、无大豆、无精糖、无坚果（可选）

1. 将烤箱预热至 180℃，然后在麦芬模中抹上薄薄的一层油。

2. 将亚麻籽粉和 3 汤匙（45 ml）水倒入小碗中，搅拌均匀。放在一旁备用。

3. 另取一个中碗，将植物奶和醋（或柠檬汁）倒入碗中，搅拌均匀。放在一旁备用。

4. 再取一个大碗，放入派粉、糖、可可粉、泡打粉、小苏打和盐，搅拌均匀。

5. 将亚麻籽混合物、枫糖浆和香草精倒入装有植物奶和醋的碗中，搅拌均匀。将植物奶混合物倒入装有派粉混合物的碗中，搅拌至混合均匀即可。加入巧克力豆、核桃仁碎（如使用）和西葫芦碎，切拌均匀，切勿过度搅拌。

6. 将面糊舀入麦芬模，填至凹槽的四分之三即可。烤15 ~ 17 分钟或直至麦芬变得膨松、有弹性。用牙签插入麦芬，拔出时，牙签上无面糊带出即可。取出烤盘，冷却 5 分钟。

7. 用刀沿着麦芬的边缘划一圈，使其脱离烤盘。将麦芬放在冷却架上，完全冷却后即可享用！

脆可可杏仁酱香蕉棒

2根大香蕉，去皮，切成2 cm宽的小段

3汤匙（45 ml）烤粗粒杏仁酱或烤花生酱

2汤匙（30 ml）黑巧克力豆

1/2茶匙（2 ml）椰子油

1汤匙（15 ml）生可可粒

2茶匙（10 ml）烤杏仁片

这款零食是冰激凌圣代的健康代替品。冻香蕉拥有冰激凌般的顺滑口感，搭配香脆的可可粒、杏仁片和巧克力，可以做成一款让你回味无穷的零食！如果你家中正巧有烤粗粒坚果酱，我强烈推荐你搭配香蕉棒食用（或试试第281页的"枫糖肉桂杏仁酱"）。烤粗粒坚果可以丰富这款零食的口感，而烤坚果的香味也比较经典。

18个

准备时间： 10分钟

无麸质、生食/免烤、无谷物

1. 在一个大盘子里铺一层烘焙纸，将香蕉段切面朝下放在上面。在每段香蕉上轻轻地抹1/2茶匙（2 ml）杏仁酱（或花生酱）。

2. 将盘子放入冰箱冷冻室，冷冻至少30分钟，直至香蕉变硬。

3. 取一个小号平底深锅，放入巧克力豆和椰子油，以小火加热，缓慢搅拌至所有食材熔化且充分混合。用一个小勺将熔化的巧克力混合物淋在香蕉段上。

4. 立即撒上少许可可粒和杏仁片，并在每段香蕉上插一根牙签。熔化的巧克力将迅速凝固。如果巧克力没有凝固，可以将盘子放回冰箱，冷冻5~10分钟，直至巧克力变硬。

5. 立即食用。吃不完的香蕉棒可以放入冰箱冷冻。下次食用前，只须将它们取出，解冻数分钟即可。

花生酱曲奇球

1½ 量杯（375 ml）无麸质纯燕麦片

2 汤匙（30 ml）椰子油

2 汤匙（30 ml）柔滑花生酱

1/4 量杯（60 ml）纯枫糖浆或其他液态甜味食材

1 茶匙（5 ml）纯香草精

1/2 量杯（125 ml）去皮杏仁粉或带皮杏仁粉

1/4 茶匙（1 ml）细海盐

2 汤匙（30 ml）迷你黑巧克力豆或黑巧克力块

小贴士

用葵花子酱代替花生酱并用燕麦粉代替杏仁粉（如果面团太干，可加入少许植物奶）来制作曲奇球也同样好吃。

若要制作不含大豆的曲奇球，可使用无大豆的巧克力豆，例如享受生活（Enjoy Life）品牌的巧克力豆。

可用杏仁酱或葵花子酱代替花生酱来制作这款零食。

小时候，我和我最好的朋友艾莉森常常将一整袋从商店购买的曲奇球当作零食。是的，作为零食而已！我们打开曲奇球的包装袋，一边走在乡间小路上，一边享用美味。童年的时光一去不返！但是，我对曲奇球的热爱却从未减弱。如今的我，懂得如何使用各种天然的食材自制曲奇球，我的健康、血管和腰围都应该好好感谢我。最重要的是，这些曲奇球也得到了孩子们的青睐。

14 个

准备时间： 15 分钟

无麸质、生食 / 免烤、无大豆（可选）、无精糖

1. 将燕麦片倒入破壁料理机，搅打至粉状。放在一旁备用。

2. 将油、花生酱、枫糖浆（或其他液态甜味食材）和香草精倒入一个碗中，用手动打蛋器搅拌至顺滑。加入杏仁粉、燕麦粉和盐，继续搅拌至充分混合。放入巧克力豆，切拌均匀。

3. 将混合物团成小球（约 1 汤匙 /15 ml 混合物团一个小球）。如果巧克力豆掉到碗底，团球的时候，将它们压入小球中。将团好的曲奇球放在铺有一层烘焙纸的烤盘中。

4. 将烤盘放入冰箱，冷冻 5 ~ 10 分钟或直至曲奇球变硬。将曲奇球装入保鲜袋并放入冰箱冷冻，即可作为方便食用的零食。

第九章　甜品

我一直非常喜欢甜品。当我还是小女孩时，我就偏爱甜品。如今的我依然没变，无论是黑巧克力块、新鲜水果，还是吃完以后让人觉得充满罪恶感的"巧克力馅榛子挞"（第 227 页）或"双层巧克力海绵蛋糕"（第 235 页），都是我日常饮食中不可缺少的一部分。人生如此短暂，我们应该尽情享受甜品！本章中的甜品不仅精致可口，而且都是由健康食材制作而成的。制作甜品时，我往往会选用全谷物面粉（比如燕麦粉或全麦派粉）以及天然甜味食材（枫糖浆、椰子花糖或帝王椰枣）。你会发现，这些食材确实为甜品带来了别样的口味。如果你想要寻找一款方便又能快速做好的甜品来满足自己的口腹之欲，我会推荐你试试免烤甜品，例如"自制巧克力'焦糖球'"（第 249 页）或"清凉消暑冻甜比萨"（第 255 页）；"香酥杏仁酱巧克力曲奇饼干"（第 251 页）也是不错的选择，再搭配一杯冰爽的"香草杏仁奶"（第 261 页），堪称完美！想想我都流口水啦。

巧克力馅榛子挞

榛子挞皮

3/4 量杯（175 ml）生榛子

1/4 量杯（60 ml）椰子油

3 汤匙（45 ml）枫糖浆

1/4 茶匙（1 ml）细海盐

1/2 量杯（125 ml）无麸质燕麦粉

1 量杯（250 ml）无麸质纯燕麦片

巧克力馅料

1½ 量杯（375 ml）泡好的腰果（第 9 页）

2/3 量杯（150 ml）龙舌兰糖浆或 3/4 量杯（175 ml）纯枫糖浆

1/2 量杯（125 ml）椰子油

1/3 量杯（75 ml）可可粉

1/3 量杯（75 ml）熔化的黑巧克力豆

2 茶匙（10 ml）纯香草精

1/2 茶匙（2 ml）细海盐

1/2 茶匙（2 ml）浓缩咖啡粉（可选）

1 汤匙（15 ml）杏仁奶

适量杏仁奶（可选）

装饰（可选）

适量巧克力屑

适量椰丝

这款甜品绝对可以征服所有喜欢吃巧克力的人。这手工制作的榛子挞皮拥有与能多益（Nutella）牌的巧克力榛子酱类似的柔滑质感，再搭配浓郁厚实的巧克力馅料，令人无法抗拒。更难以置信的是，这款巧克力馅榛子挞不含任何乳制品。如果你正在寻找一款令人惊艳的甜品，榛子挞一定是你的最佳选择！一定要将生腰果放入水中浸泡一整晚，以便在制作甜品时可以直接使用。

1 个（直径为 23 cm）；8 ~ 14 人份

准备时间：30 ~ 35 分钟 · 烹饪时间：10 ~ 13 分钟

无麸质

1. 先制作榛子挞皮。将烤箱预热至 180℃。在一个直径为 23 cm 的挞盘里轻轻地涂抹一层椰子油。

2. 将榛子放入食物料理机，搅打成碎屑状，且拥有沙子般的质感。加入 1/4 量杯（60 ml）油、枫糖浆、燕麦粉和 1/4 茶匙（1 ml）盐，搅打至混合物变得黏稠。加入燕麦片，以点动模式将燕麦片打碎，但要保留一些完整的燕麦片。用手指按一下燕麦团，它应保持轻微的黏性，但不应过黏。如果它太干，可加入 1 茶匙（5 ml）水或延长搅打的时间。

3. 用手指把燕麦团弄碎，均匀地撒在挞盘底部，从挞盘中心开始，均匀、用力地向外以及向挞盘内壁上按压混合物，使其紧紧地贴在挞盘上，贴得越紧密，做出的挞皮越不容易开裂。用叉子在混合物表面戳一些小孔，以便在烘烤过程中水蒸气能顺利排出。

4. 无须加盖，将挞盘放入烤箱烤 10 ~ 13 分钟，直至挞皮呈淡淡的金黄色。取出挞盘，放在冷却架上，冷却

15~20分钟。

5. 再制作馅料。将泡好的腰果洗净，和龙舌兰糖浆（或枫糖浆）、1/2 量杯（125 ml）油、可可粉、熔化的巧克力豆、香草精、1/2 茶匙（2 ml）盐、浓缩咖啡粉（如使用）一起放入破壁料理机，调至高速搅打至顺滑。搅打所需的时间长短取决于料理机的功率。搅打期间如果混合物变干，可以加入 1 汤匙（15 ml）杏仁奶（根据个人口味，也可再加适量杏仁奶）使搅打更顺畅。

6. 将馅料倒在挞皮上，可以用勺子将粘在搅拌杯内壁的馅料刮干净，将馅料表面抹平。根据个人喜好，撒上巧克力屑和 / 或椰丝。

7. 将榛子挞放入冰箱，无须密封，冷冻 2~3 小时。取出后用锡纸密封，放回冰箱，冷冻一整晚或至少 4~6 小时，直到挞皮变硬。

8. 取出榛子挞，放在操作台上静置 10 分钟后切块。建议冷食。根据个人喜好，可单独食用，也可搭配"椰香掼'奶油'"（第 266 页）和榛子碎食用。将剩下的榛子挞分别用锡纸包好后放入冰箱保存。冷冻条件下，可保存 1~1½ 周。

小贴士

没有心情制作挞皮？巧克力馅料可以变成一款诱人的冷冻软糖。将馅料倒入一个铺有保鲜膜的边长为 20 cm 的正方形烤盘中，在上面撒 1/2 量杯（125 ml）烤榛子或烤核桃仁，放入冰箱冷冻至完全凝固（约 2 小时）。食用时，从冰箱取出并切块即可！

天然苹果奶酥

苹果馅料

6～7 量杯（1.5～1.75 L）去皮烤苹果块（6～7 个苹果，见第230 页的小贴士）

1 汤匙（15 ml）葛根粉或玉米淀粉

1/3 量杯（75 ml）黑糖或其他颗粒状甜味食材

1 汤匙（15 ml）奇亚籽（可选）

1 茶匙（5 ml）肉桂粉

1 汤匙（15 ml）新鲜柠檬汁

配料

1 量杯（250 ml）无麸质纯燕麦片

1 量杯（250 ml）杏仁片

1/3 量杯（75 ml）去皮杏仁粉或带皮杏仁粉

1/4 量杯（60 ml）纯枫糖浆

1/4 量杯（60 ml）液态椰子油

2 汤匙（30 ml）无糖椰丝（可选）

1 茶匙（5 ml）肉桂粉

1/4 茶匙（1 ml）细海盐

搭配（可选）

1 勺不含乳制品的香草冰激凌或1 勺椰香掼"奶油"（第266 页）

大部分传统的苹果奶酥都含有大量白糖、增白面粉和黄油，让我们与这些传统的苹果奶酥彻底告别吧！在本配方中，我将介绍一款不含面粉和精糖的苹果奶酥，它不仅有益健康，而且深受成年人以及儿童的喜爱。食用时，你可以搭配 1 勺素冰激凌或"椰香掼'奶油'"（第 266 页）。如果你想要有所创新，可以在苹果馅料里加入一些梨。

8 小份

准备时间：25～30 分钟 · **烹饪时间：**45～60 分钟

无麸质、无大豆、无精糖

1. 将烤箱预热至 190℃。在一个 2.5 L 的烤盘中抹一层薄薄的油。

2. 先制作苹果馅料。将苹果块倒入一个大碗中，撒上葛根粉或玉米淀粉。轻轻晃动碗，直至食材充分混合。加入黑糖（或其他颗粒状甜味食材）、奇亚籽（如使用）、柠檬汁和 1 茶匙（5 ml）肉桂粉，搅拌均匀。将苹果馅料倒入烤盘中，抹平表面。

3. 再制作配料：取一个大碗（也可以用上一步用过的大碗），放入燕麦片、杏仁片、杏仁粉、枫糖浆、液态椰子油、椰丝（如使用）、盐和 1 茶匙（5 ml）肉桂粉，搅拌至充分混合。

4. 将配料平铺在苹果馅料上面。

5. 用锡纸将烤盘密封好，在锡纸表面戳一些小气孔。将烤盘放入烤箱烤 35～45 分钟，直至可用叉子轻易插入苹果。揭开锡纸，继续烤 10～15 分钟，直至配料呈金黄色并散发香气。

6. 食用时，每小份可搭配 1 勺不含乳制品的香草冰激凌或 1 勺"椰香掼'奶油'"（第 266 页）。你可以将剩下的苹果奶酥放入冰箱冷藏，食用时，直接从冰箱取出或放入烤箱重新加热 15～20 分钟即可。也可以把这款苹果奶酥当作次日清晨的健康早餐!

小贴士

制作这款苹果奶酥时，我喜欢尝试各种苹果，以获得更好的味道，我经常将蜜脆苹果、澳洲青苹果和姬娜果混合在一起，这样做出的苹果奶酥味道最好。将这个配方中的苹果换成其他时令水果，做出的奶酥也很不错，比如水蜜桃和蓝莓就是一个很棒的组合，尽管用它们制成的奶酥会比较稀。

枫糖南瓜燕麦派

燕麦派皮

140 g 去核帝王椰枣

1¼ 量杯（300 ml）无麸质纯燕麦片

1/2 量杯（125 ml）山核桃仁

1/4 茶匙（1 ml）肉桂粉

1/8 茶匙（0.5 ml）盐

3 汤匙（45 ml）椰子油，室温状态

枫糖南瓜馅料

1 量杯（250 ml）泡好的生腰果（第 9 页）

1 量杯（250 ml）南瓜泥罐头

3/4 量杯（175 ml）纯枫糖浆

1/2 量杯（125 ml）椰子油

2 茶匙（10 ml）纯香草精

3/4 茶匙（4 ml）肉桂粉

1/4 茶匙（1 ml）细海盐

1/8 茶匙（0.5 ml）生姜粉

1/8 茶匙（0.5 ml）现磨肉豆蔻粉或肉豆蔻粉

1 汤匙（15 ml）杏仁奶

适量杏仁奶（可选）

组装用的其他食材（可选）

适量椰香攒"奶油"（第 266 页）

适量山核桃仁碎

适量现磨肉豆蔻粉

我曾经将这款南瓜燕麦派（以及"巧克力馅榛子挞"——第 227 页）作为最近一次节假日晚餐的甜品，所有人——甚至那些不喜欢吃南瓜的朋友都为之疯狂。每个人都把餐盘中的南瓜派吃得干干净净，我高兴地都快合不拢嘴了。免烤腰果馅料香浓可口，我总是用小银盘盛放这款甜品——小小的一口就让人回味无穷。这款甜品必须冷冻，食用前将其从冰箱取出，放在操作台上静置 5 ~ 10 分钟，你和客人便可大快朵颐了。由于这款甜品须放入冰箱冷冻一整晚，因此应提前一天制作。务必提前将生腰果放入水中浸泡一整晚，以便制作时可以直接使用。

1 个（直径为 23 cm）；8 ~ 14 人份

准备时间: 25 分钟 · **浸泡时间:** 30 ~ 60 分钟（可选）

烹饪时间: 10 ~ 12 分钟

无麸质、无大豆、无精糖

1. 先制作派皮。将烤箱预热至 180℃。在一个直径为 23 cm 的派盘里抹一层椰子油。如果椰枣较硬，可用水浸泡 30 ~ 60 分钟，使用前沥干即可。

2. 将燕麦片、1/2 量杯（125 ml）山核桃仁、1/4 茶匙（1 ml）肉桂粉和 1/8 茶匙（0.5 ml）盐倒入食物料理机，搅打至混合物拥有粗沙子般的质感。加入椰枣和油，继续搅打至混合物变得黏稠。用手指按一下混合物，它应有一定的黏性。如果太干，可加入 1 茶匙（5 ml）水，再次搅打。

3. 将混合物撒在派盘上。从派盘的中心均匀用力地向外按压混合物，使其紧紧地贴在派盘上，贴得越紧密，做出的派皮就越不会开裂。将多出来的派皮沿着派盘的边缘往里折并用手指把派皮边缘弄平整。用叉子在混合物表面戳一些小孔，无须加盖，将派盘放入烤箱烤 10 ~ 12 分钟，直至派皮表面呈淡淡的金黄色。取出派皮放在冷却架上，冷却 30 分钟。

4. 再制作馅料。将腰果洗净，与南瓜泥、枫糖浆、1/2 量杯（125 ml）油、香草精、3/4 茶匙（4 ml）肉桂粉、1/4 茶匙（1 ml）盐、生姜粉和 1/8 茶匙（0.5 ml）肉豆蔻粉一起放入破壁料理机，调至高速搅拌至顺滑。搅打时间取决于料理机的功率。如果需要更多的液体才能让搅拌更顺畅，可加入 1 汤匙（15 ml）杏仁奶（根据个人口味，可加更多杏仁奶）。

5. 将馅料倒在派皮上，抹平表面。用锡纸密封派盘，放入冰箱冷冻一整晚或至少 5 ~ 6 小时，直至混合物变硬。

6. 将南瓜派取出，放在操作台静置 10 分钟再切块。建议冷食，冷冻后口味更佳。根据个人喜好，可将南瓜派、适量椰香掼"奶油"、适量山核桃仁碎和适量现磨肉豆蔻粉组装在一起食用。

小贴士

用保鲜膜或锡纸将南瓜派一块一块地包起来并放入密封容器，然后将南瓜派置于冰箱冷冻，可保存 10 天。

没有心情制作派皮？南瓜馅料可以变成一款好吃的冷冻软糖。将馅料倒入一个铺有保鲜膜的边长为 20 cm 的正方形烤盘中，上面撒 1/2 量杯（125 ml）烤山核桃仁碎，放入冰箱冷冻至完全凝固（1½ ~ 2 小时）。食用时，直接从冰箱取出并切块即可！

双层巧克力海绵蛋糕

2 量杯（500 ml）植物奶

2 汤匙（60 ml）苹果醋或白醋

1½ 量杯（375 ml）天然蔗糖（见第 236 页的小贴士）

2/3 量杯（150 ml）液态椰子油或葡萄籽油

2 汤匙（30 ml）纯香草精

1 量杯（250 ml）全麦派粉

2 量杯（500 ml）中筋面粉

2/3 量杯（150 ml）可可粉，过筛

2 茶匙（10 ml）小苏打

1¼ 茶匙（6 ml）细海盐

适量巧克力黄油糖霜或巧克力牛油果糖霜（第 274 页）

装饰（可选）
适量黑巧克力屑

每个人都有必要学会制作双层巧克力蛋糕以应付各种特殊场合。对我而言，这款双层巧克力海绵蛋糕便是生日派对和其他特殊活动的首选甜品。它深受成年人和儿童的喜爱，同时向所有怀疑素食论的人证明了素甜品可以比传统的甜品更加可口！事实上，我的母亲告诉我，这款蛋糕是她这辈子吃过的最好吃的蛋糕。听妈妈们的话一定不会错。由全麦派粉、中筋面粉、天然蔗糖等未增白食材制成的蛋糕不仅营养丰富，而且非常健康。如果你不喜欢双层蛋糕，也可以参考第 236 页的小贴士，将这款蛋糕做成杯子蛋糕或长方形蛋糕。放心吧，味道绝对一级棒！

14 人份

准备时间：30 分钟 · 烹饪时间：30 ~ 35 分钟

无坚果、无大豆、无精糖

1. 将烤箱预热至 180℃。在两个 1 L 的蛋糕烤盘中抹一层薄薄的油，并在烤盘底部和内壁都铺上一层烘焙纸。若要制作杯子蛋糕，在杯子蛋糕模具中放入纸模。

2. 取一个中碗，将植物奶和醋搅拌均匀。静置 1 ~ 2 分钟，"酪乳"就做好了。

3. 将糖、油和香草精放入"酪乳"中，搅拌至充分混合。

4. 取一个大碗，放入全麦派粉、中筋面粉、可可粉、小苏打和盐，搅拌均匀。

5. 将"酪乳"混合物倒入面粉混合物中，用手动打蛋器搅拌至顺滑。

6. 将面糊平均分成两份并分别倒在两个烤盘中，抹平表面。

7. 将烤盘都放入烤箱烤 30～35 分钟，中途改变一次烤盘的方向。当蛋糕呈以下状态时即可出炉：用手轻轻按压蛋糕，蛋糕缓慢回弹，且用牙签插入蛋糕，拔出时无面糊带出。将烤盘放在冷却架上，冷却 20～25 分钟。用黄油刀沿着蛋糕的边缘划一圈，以便取出蛋糕。将蛋糕取出后放在冷却架上，继续冷却 30～45 分钟。

8. 待蛋糕完全冷却后，在蛋糕架的表面铺一层烘焙纸。把其中一个蛋糕放在烘焙纸的中央。如需要，可用一把锯齿刀将蛋糕的底部切平。在蛋糕顶部涂一层糖霜（2/3 量杯 /150 ml）。把另一个蛋糕放在上面，轻轻按压，使两个蛋糕粘在一起。

9. 将剩下的糖霜抹在蛋糕的表面，从顶部开始，向两侧涂抹。根据个人喜好，可使用巧克力屑做点缀。取出蛋糕底部的烘焙纸即可享用！吃不完的蛋糕可以用保鲜膜或锡纸包起来，室温条件下，可保存 3～4 天。

小贴士

如果你不喜欢双层蛋糕，也可以根据本配方的方法制作杯子蛋糕或长方形蛋糕。本配方中食材的分量足以制作 24 个杯子蛋糕。将面糊倒入杯子蛋糕模具，将模具放入烤箱烤 21～25 分钟或烤至以下状态时即可出炉：用牙签插入蛋糕，拔出时无面糊带出，且用手轻轻按压蛋糕，蛋糕缓慢回弹。取出蛋糕并待其完全冷却后，将巧克力糖霜抹在蛋糕的表面。你还可以制作长方形蛋糕：将面糊倒入一个 33 cm×23 cm 的长方形烤盘中，将烤盘放入烤箱烤 31～35 分钟或烤至用牙签插入蛋糕，拔出时无面糊带出，且用手轻轻按压蛋糕，蛋糕缓慢回弹时即可出炉。取出蛋糕并待其完全冷却后，将糖霜抹在蛋糕的表面。

我不建议用其他种类的糖（比如椰子花糖或黑糖）代替天然蔗糖，因为这些糖可能会在制作过程中变干，导致蛋糕的顶部开裂。为了达到最佳效果，应使用天然蔗糖。

最后，请记住，不能用全麦面粉代替全麦派粉，因为全麦面粉可能会让蛋糕过于紧实。

时令水果及坚果配椰香掼"奶油"

1量杯（250 ml）混合坚果，切块
4量杯（1 L）混合新鲜时令水果
适量椰香掼"奶油"（第266页）

有时候，最简单的甜品反倒最好吃。当我和我的丈夫购买了一些新鲜水果时，我们总会制作这款简单的甜品。将各种时令水果装盘，撒上少许烤坚果，最后在水果上放一团椰香掼"奶油"。它的制作方法虽然非常简单，但仍然是一款精致而讨喜的甜品。爱吃巧克力的人还可以搭配一些黑巧克力屑。

6 人份

准备时间: 20分钟 · **烹饪时间:** 8～12分钟

无麸质、无油、无大豆、无精糖、无谷物

1. 将烤箱预热至150℃。在有边烤盘中铺一层坚果，将烤盘放入烤箱烤8～12分钟，直至坚果的表面呈淡淡的金黄色、香气散出。

2. 将新鲜水果平分成6份分别装入小碗或巴菲杯中，加入椰香掼"奶油"并撒上烤坚果即可。

冬季柑橘甜品

1 个葡萄柚
2 个脐橙
2 个血橙
2 汤匙（30 ml）天然蔗糖
2 汤匙（30 ml）新鲜薄荷叶

搭配（可选）
适量新鲜薄荷叶
2 汤匙（30 ml）烤杏仁片

这款柑橘甜品是我最喜欢的冬季甜品之一——柑橘搭配薄荷糖和烤杏仁片，令人瞬间充满活力。处理柑橘类水果的过程有些沉闷，然而，一份清爽可口、能量满满的冬日甜品让一切努力都有了意义。当你与冬天的寒冷做斗争时，这款沙拉将为你带来一缕阳光。

2 人份

准备时间：20 ~ 30 分钟

无麸质、无坚果（可选）、无油、生食/免烤、无大豆、无谷物、
无精糖

1. 先处理葡萄柚和橙子。将它们的头尾分别切除 1 ~ 2 cm，露出内部的果肉。用削皮刀将果皮削掉。将处理好的葡萄柚和橙子切开，取出果肉并装盘。

2. 将糖和 2 汤匙（30 ml）薄荷叶放入食物料理机打碎。搅打后的薄荷糖应为绿色，将其撒在柑橘上。根据个人喜好，可搭配烤杏仁片和适量新鲜薄荷叶食用。

爆浆摩卡布丁蛋糕

1 汤匙（15 ml）亚麻籽粉

1½ 量杯（375 ml）无麸质燕麦粉

3/4 量杯（175 ml）+1/3 量杯（75 ml）椰子花糖或其他颗粒状甜味食材

1/3 量杯（75 ml）+2 汤匙（30 ml）可可粉

1/3 量杯（75 ml）不含乳制品的巧克力豆或巧克力块

3/4 茶匙（4 ml）细海盐

1½ 茶匙（7 ml）泡打粉

3/4 量杯（175 ml）杏仁奶

2 汤匙（30 ml）液态椰子油

1½ 茶匙（7 ml）纯香草精

1¼ 量杯（300 ml）热咖啡（如需要，可选用无因咖啡）或沸水

搭配（可选）
适量素冰激凌

装饰（可选）
适量糖粉

适量烤核桃仁

烘烤后的布丁蛋糕将在烤盘底部形成香味醇厚的巧克力酱，巧克力酱赋予这款布丁蛋糕巧克力蛋糕和巧克力布丁的混合口感。我的妹妹克里斯季将这款布丁蛋糕命名为"舌尖上的巧克力炸弹"！如果你以前从未制作过布丁蛋糕，当蛋糕出炉时，你或许会非常紧张，因为它看起来好像没烤熟。事实上，刚出炉的布丁蛋糕就应该是这样的——边缘冒着气泡和巧克力酱，表面凹凸不平，有些地方比较坚硬，有些地方则比较黏。这是非常正常的现象，并不是你设定的时间有误。我在配方中加入了热咖啡（普通的或无咖啡因的），但是如果你要为儿童制作这款甜品或你不喜欢咖啡的味道，也可以用沸水代替咖啡。我通常使用现煮的法式咖啡，但是你也可以用沸水冲泡 1 茶匙（5 ml）速溶咖啡。这款甜品可搭配 1 勺素冰激凌和少许烤核桃仁食用。

9 人份

准备时间：15 分钟 · **烹饪时间：**27 ~ 33 分钟

无麸质、无精糖、无坚果（可选）、无大豆（可选）

1. 将烤箱预热至 190℃。在一个 2 L 的正方形玻璃烤盘中抹一层薄薄的油。

2. 将亚麻籽粉和 3 汤匙（45 ml）水倒入一个小碗中，搅拌均匀。放在一旁备用。

3. 另取一个大碗，放入燕麦粉、3/4 量杯（175 ml）糖（或其他颗粒状甜味食材）、1/3 量杯（75 ml）可可粉、巧克力豆（或巧克力块）、盐和泡打粉，搅拌均匀。

4. 另取一个小碗，放入亚麻籽混合物、杏仁奶、油和香草精，搅拌均匀。

5. 将杏仁奶混合物倒入燕麦混合物中，搅拌至充分混合。

6. 将步骤 5 中的燕麦糊倒入烤盘，用勺子将表面抹平。

7. 取一个小碗或马克杯，将剩下的 1/3 量杯（75 ml）糖（或其他颗粒状甜味食材）和 2 汤匙（30 ml）可可粉倒入碗或杯中并搅拌均匀。将可可粉混合物均匀地倒在燕麦糊上。

8. 将热咖啡（或沸水）慢慢地倒在步骤 7 中的混合物上面，将混合物完全覆盖。此时烤盘里像发生了一场灾难，但这是正常现象，我向你保证。

9. 无须加盖，将烤盘放入烤箱烤 27 ~ 33 分钟，直至蛋糕表面变硬、边缘冒着气泡并且发黏。

10. 取出蛋糕，冷却 5 ~ 10 分钟后再切开（如果你有耐心等待那么久）。根据个人喜好，可在上面撒适量糖粉和烤核桃仁做装饰。可搭配素冰激凌食用。

小贴士

若要制作不含坚果的蛋糕，可以用无坚果的植物奶（例如椰奶）代替杏仁奶，并且不使用核桃仁。

若要制作不含大豆的蛋糕，可选用不含大豆和乳制品的巧克力，例如享受生活（Enjoy Life）品牌的巧克力。

无麸质巧克力杏仁布朗尼

4 茶匙（20 ml）亚麻籽粉

1 量杯（250 ml）生杏仁

3/4 量杯 +2 汤匙（共 200 ml）糙米粉

2 汤匙（30 ml）葛根粉

1/2 量杯（125 ml）可可粉，过筛

1/2 茶匙（2 ml）犹太盐

1/4 茶匙（1 ml）小苏打

1/2 量杯（125 ml）+1/4 量杯（60 ml）不含乳制品的巧克力豆

1/4 量杯 +2 汤匙（共 90 ml）素黄油或椰子油

1 量杯（250 ml）天然蔗糖

1/4 量杯（60 ml）杏仁奶

1 茶匙（5 ml）纯香草精

1/2 量杯（125 ml）核桃仁碎（可选）

我曾经尝试制作过许多次无麸质素布朗尼。整个过程其实并不容易！我制作的大部分布朗尼往往过于膨松，像蛋糕一样——这并不是我所期待的口感。最终，我研发出这个配方，成功地做出了可口的布朗尼蛋糕，它紧实且富有嚼劲，完全符合我的要求。我敢保证，你永远猜不到它是无麸质的素布朗尼。

16 小块

准备时间：30 分钟 · 烹饪时间：28～34 分钟

无麸质（可选）、无大豆（可选）、无精糖

1. 将烤箱预热至 180℃。在一个 2.5 L 的方形蛋糕烤盘中涂一层薄薄的油。在烤盘左右两侧各铺上一层烘焙纸。

2. 取一个小碗，放入亚麻籽粉和 3 汤匙（45 ml）水，搅拌均匀。放在一旁备用。

3. 将杏仁倒入搅拌器或食物料理机中并磨成粉。将杏仁粉过筛，把大一些的杏仁块筛出来扔掉。取一个大碗，放入杏仁粉、糙米粉、葛根粉、可可粉、盐和小苏打，搅拌均匀。

4. 取一口平底深锅，放入 1/2 量杯（125 ml）巧克力豆和素黄油（或椰子油），以小火熔化。巧克力豆熔化三分之二时，关火，搅拌至混合物变得顺滑。加入亚麻籽粉混合物、糖、杏仁奶和香草精，搅拌均匀。

5. 将步骤 4 中的巧克力混合物倒入步骤 3 的杏仁粉混合物中，充分搅拌，直至碗底没有粉状物残留。加入核桃仁碎（如使用）和剩下的 1/4 量杯（60 ml）巧克力豆，用切拌的方式拌匀。

6. 将混合物倒入烤盘中，在顶部铺一层烘焙纸。用手

按压烘焙纸，使混合物均匀地铺在烤盘中。如需要，可使用滚轴擀面杖将混合物擀平。

7. 将烤盘放入烤箱烤 28~34 分钟。取出烤盘放在一旁冷却 1~1½ 小时。待布朗尼完全冷却后再取出来，否则布朗尼会碎。将布朗尼切成正方形，并搭配一杯"香草杏仁奶"（第 261 页）食用。将没吃完的布朗尼装入密封容器内，最多可保存 3 天。

小贴士

若要制作不含麸质的布朗尼，可以用 3/4 量杯（175 ml）未增白中筋面粉代替糙米粉和葛根粉。本配方中的 1 量杯（250 ml）杏仁依然要使用。

若要制作不含大豆的布朗尼，可选用无大豆巧克力，享受生活（Enjoy Life）品牌的就不错。

自制巧克力"焦糖"球

内馅

200 g 软的去核帝王椰枣

1½ 茶匙（7 ml）花生酱或其他
坚果酱 / 种子酱

少量细海盐

巧克力涂层

1/4 量杯 + 3 汤匙（共 100 ml）
黑巧克力豆

1/2 茶匙（2 ml）椰子油

装饰（可选）

适量晶片海盐或奇亚籽

这款甜品的灵感来自我童年时最喜欢的一种糖果。我打赌你们一定都猜到了！由椰枣制成的"焦糖"内馅将不断重现你脑海中的熟悉味道。很多人告诉我，这款自制的"焦糖"球比传统的糖果好吃多了！我非常同意。一起享用吧！

20 个

准备时间： 25 分钟

无麸质、生食 / 免烤、无大豆（可选）、无谷物

1. 先制作"焦糖"内馅。将椰枣放入食物料理机，搅打至呈黏稠的糊状。加入花生酱（或其他坚果酱 / 种子酱）和盐，继续搅打至充分混合。混合物将变得非常黏稠，这正是我们所需要的结果。

2. 将混合物舀入碗中，放入冰箱冷冻（无须加盖）约10 分钟。（冷却后的"焦糖"更容易做成球状。）在盘中铺一层烘焙纸。用水将手打湿，将"焦糖"团成 20 颗小圆球放入盘中，放入冰箱冷冻约 10 分钟，直至"焦糖"球变硬。

3. 再制作巧克力涂层：取一口平底深锅，放入巧克力豆和椰子油，以低温熔化，当巧克力豆熔化了三分之二时，关火，搅拌至混合物呈细滑状。

4. 从冰箱中取出"焦糖"球，依次放入熔化的巧克力中。用叉子滚动"焦糖"球，使巧克力均匀地附着在"焦糖"球的表面。去除"焦糖"球表面多余的巧克力，将其重新放回盘子里。根据个人喜好，可在"焦糖"球的顶部插入牙签并撒上晶片海盐（或奇亚籽）。

5. 将巧克力"焦糖"球放入冰箱，冷冻至少 20 分钟或直至巧克力涂层变硬。我建议将巧克力"焦糖"球从冰箱取出后直接食用。因为在室温条件下，"焦糖"球会软化。

小贴士

　　如果你使用的椰枣过于坚硬或干燥，可以将它们放在水中浸泡 30～60 分钟。使用前，将椰枣沥干并擦去多余水分。若熔化的巧克力没有用完，可以放在铺有烘焙纸的烤盘中，然后放入冰箱冷冻。待巧克力凝固后将其掰成小块储存，留作他用。这正如我母亲常说的——"勤俭节约，吃穿不缺"！

　　可使用葵花子酱代替坚果酱来制作"焦糖"球。

　　若要制作不含大豆的"焦糖"球，可选用不含大豆和乳制品的巧克力，比如享受生活（Enjoy Life）品牌的就不错。

香酥杏仁酱巧克力曲奇饼干

1 汤匙（15 ml）亚麻籽粉

1/4 量杯（60 ml）素黄油或椰子油

1/4 量杯（60 ml）烤杏仁酱或烤花生酱

1/2 量杯（125 ml）黑糖或红糖

1/4 量杯（60 ml）椰子花糖或天然蔗糖

1 茶匙（5 ml）纯香草精

1/2 茶匙（2 ml）小苏打

1/2 茶匙（2 ml）泡打粉

1/2 茶匙（2 ml）细海盐

1 量杯（250 ml）无麸质纯燕麦片，打成燕麦粉

1 量杯（250 ml）杏仁，打成杏仁粉

1/4 量杯（60 ml）迷你巧克力豆或巧克力块

少许杏仁奶（可选）

这款酥脆、富有嚼劲的坚果巧克力曲奇饼干由杏仁、燕麦等食材制成，是天然的无麸质甜品。尝尝这款曲奇饼干，你就会知道为什么我的博客读者都那么喜欢它了。

16～20 块

准备时间：20 分钟 · 烹饪时间：12～14 分钟

无麸质、无精糖、无大豆（可选）、无谷物（可选）

1. 将烤箱预热至 180℃。在烤盘中铺一层烘焙纸。

2. 取一个小碗，放入亚麻籽粉和 3 汤匙（45 ml）水，搅拌均匀。静置 5 分钟，混合物将变得黏稠。

3. 用手动打蛋器或配有桨形头的厨师机将素黄油（或椰子油）和杏仁酱（或花生酱）搅打均匀。加入两种糖，搅打 1 分钟。加入亚麻籽混合物和香草精，继续搅打至充分混合。

4. 依次加入小苏打、泡打粉、盐、燕麦粉和杏仁粉，搅拌均匀。混合物将变得有些黏稠。如果混合物太干，可加入少许杏仁奶进行稀释。加入巧克力豆（或巧克力块），用切拌的方式拌匀。

5. 将面团团成直径约为 2.5 cm 的小球。如果巧克力豆无法粘在上面，可用手指轻轻将其按入小球中。将小球放在烤盘中，小球之间应保持 5～8 cm 的距离。没有必要将小球压平，烘焙时它会变成饼干状。

6. 将烤盘放入烤箱烤 12～14 分钟，直至饼干的底部呈金棕色。刚出炉的饼干非常柔软，冷却后将变得酥脆。取出烤盘，冷却 5 分钟。将饼干取出，放在冷却架上，继续冷却 10 分钟以上。我喜欢将曲奇饼干保存在冰箱冷冻

室中，冷冻后的饼干既可口又酥脆。

———⌣———

小贴士

　　如果你担心曲奇饼干因为太好吃而留不到下一次，可以将球形面团放入冰箱冷冻，以备日后使用。使用时，你只须将它们放在厨房操作台上解冻 30～60 分钟，再根据上述步骤进行烤制即可。

　　若要制作不含谷物的曲奇饼干，可以用 2 量杯（500 ml）杏仁（打成杏仁粉）代替燕麦片，将做好的面团放入预热至 160℃烤 13～15 分钟。

　　若要制作不含大豆的曲奇饼干，可使用无大豆的素黄油或椰子油以及无大豆的巧克力豆，比如享受生活（Enjoy Life）品牌的巧克力。

　　你也可以用葵花子酱代替坚果酱，并用 1/2 量杯 +1 汤匙（共 265 ml）燕麦片代替杏仁来制作曲奇饼干。换句话说，你一共需要 1 量杯 +1/2 量杯 +1 汤匙（共 390 ml）燕麦片制作这款饼干，注意，燕麦片打成燕麦粉后方可使用。

清凉消暑冻甜比萨

比萨饼皮

2 量杯（500 ml）脆米"麦片"

2 汤匙 +1½ 茶匙（共 37 ml）糙米糖浆或椰子花蜜

2 汤匙（30 ml）液态椰子油

4 茶匙（20 ml）可可粉

适量香蕉软冰激凌（第 275 页）

馅料

1/3 量杯（75 ml）黑巧克力豆

2 茶匙（10 ml）椰子油

1 汤匙（15 ml）烤杏仁酱或烤花生酱

1 汤匙（15 ml）软化的椰子油

1 茶匙（5 ml）纯枫糖浆

4 茶匙（20 ml）烤杏仁片

2 茶匙（10 ml）可可豆或巧克力豆

1 汤匙（15 ml）无糖椰丝

小时候，我和妹妹总是会在生日时请求爸爸妈妈给我们买当时非常流行的冻甜比萨。此款比萨是我研发的素食版冻甜比萨，它是一款健康甜品，绝对可以与市售的冻甜比萨相媲美！

10 ~ 12 人份

准备时间：25 ~ 30 分钟

无麸质、无大豆（可选）、生食 / 免烤

1. 在一个比萨烤盘中铺一层烘焙纸。

2. 先制作比萨饼皮。取一个大碗，放入脆米"麦片"、糙米糖浆（或椰子花蜜）、可可粉和 2 汤匙（30 ml）油，搅拌均匀，直至可可粉混合物均匀地附着在谷物的表面。将混合物舀入烤盘中，形成直径为 25 cm 的圆形。在上面铺一层烘焙纸，用手轻轻按压，将混合物压紧并使其成形。将烤盘放入冰箱冷冻 5 ~ 10 分钟，直至饼皮变硬。

3. 将香蕉软冰激凌轻轻地涂在饼皮上，边缘留出 2.5 cm 不要涂。将烤盘放入冰箱，继续冷冻 5 ~ 10 分钟。

4. 再制作馅料。取一口小号平底深锅，放入巧克力豆和 2 茶匙（10 ml）椰子油，以小火加热。当巧克力豆熔化三分之二时，关火，搅拌至混合物呈细滑状。

5. 取一个小碗，放入杏仁酱（或花生酱）、软化的 1 汤匙（15 ml）椰子油和枫糖浆，搅拌均匀。将混合物倒入塑料袋中，将塑料袋底部的一个角剪掉（方便淋杏仁酱混合物）。

6. 将三分之一的巧克力混合物和三分之一的杏仁酱混合物淋在比萨的表面，立即撒上三分之一的杏仁片、三分之一的可可豆（或巧克力豆）和三分之一的椰丝。重复以上步骤，直至用完所有馅料。

7.将比萨放回冰箱，冷冻5～10分钟后即可切片享用！比萨从冰箱取出后会迅速解冻，因此我建议立即食用。

小贴士

你可以用2量杯（500 ml）素冰激凌代替香蕉软冰激凌。

发挥你的想象力自制冻甜比萨吧，一切皆有可能！

若要制作不含大豆的比萨，可使用不含大豆和乳制品的巧克力，比如享受生活（Enjoy Life）品牌的巧克力。

第十章　自制特色食品

在本章中，我将为大家介绍各种简单又能快速做好的食品。我坚信，亲手制作的食物是最可口的，也是最便宜的。当然，我并不是说我不购买市售食品，我只是非常享受卷起袖子、亲手制作各种食品的感觉。你可以在本章中找到杏仁奶、无麸质面包块、蔬菜汤、坚果酱、"蛋黄"酱、面包糠、玉米卷酱、调味汁、沙拉酱等食品的制作方法。你还可以学会如何使用搅拌器制作全谷物面粉和坚果粉，以及如何烤大蒜、如何给豆腐去水等。在忙碌的现代社会中，保留食物的原味是一件非常困难的事情，但是从零开始、一步一步努力总能带给我们巨大的满足感。我希望你也能尝试亲手制作本章中的这些食品！

第十章　自制特色食品

香草杏仁奶

1 量杯（250 ml）生杏仁

4 量杯（1 L）饮用水（或椰子油）

2～3 颗软的帝王椰枣，去核，或适量液态甜味食材

1 根香草荚，粗粗切碎，或 1/2～1 茶匙（2～5 ml）纯香草精（适量）

1/4 茶匙（1 ml）肉桂粉

少量细海盐

小贴士

如果你的椰枣或香草荚过干／硬，使用前可放入水中泡软。

过滤袋中的杏仁渣要保留，可以用于制作"简易杏仁格兰诺拉麦片"（第 276 页）。

很长一段时间以来，我都认为自制杏仁奶是一件非常复杂而耗时的事情。然而，我逐渐发现它的制作方法非常简单，它的味道也非常好。你只须将生杏仁浸泡一整晚，然后放入搅拌器中，加水搅打，再用过滤袋过滤即可。整个过程并不复杂，此外，自制杏仁奶的味道远胜于市售杏仁奶！过滤袋是我最常使用的过滤工具，当然，你也可以使用细网筛或奶酪布进行过滤。

4 量杯（1 L）

准备时间： 10 分钟 · **浸泡时间：** 一整晚

无麸质、无油、生食／免烤、无大豆、无糖、无谷物

1. 将杏仁倒入碗中，加水至没过杏仁 2.5～5 cm，浸泡一整晚。

2. 将泡杏仁的水倒掉并将杏仁洗净。将杏仁倒入搅拌器中，加入水（或椰子油）、椰枣（或适量液态甜味食材）、香草荚（或香草精）、肉桂粉和盐，调至高速搅打约 1 分钟。

3. 将过滤袋放在一个大碗上，将杏仁混合物缓慢地倒入过滤袋中。轻轻挤压过滤袋底部，将杏仁奶挤出。你可能需要 3～5 分钟才能挤出所有的杏仁奶，请有点儿耐心。

4. 将杏仁奶小心地倒入玻璃瓶中。自制杏仁奶可冷藏保存 3～4 天。静置的杏仁奶会分层，食用前应摇晃均匀。

简易杏仁格兰诺拉麦片

1/2～1 量杯（125～250 ml）杏仁渣，制作香草杏仁奶时过滤出来的残渣（第 261 页）

1 量杯（250 ml）无麸质纯燕麦片

1/2～1 茶匙（2～5 ml）肉桂粉（适量）

1 茶匙（5 ml）纯香草精

3～4 汤匙（45～60 ml）纯枫糖浆或其他甜味食材（适量）

少量细海盐

搭配（可选）

适量香草杏仁奶（第 261 页）

适量巴菲

适量超简单纯素燕麦粥

这款麦片以制作"香草杏仁奶"（第 261 页）时过滤出来的杏仁渣为食材，制作方法简单，做起来也很快。你只须将所有食材放入碗中，然后将碗在干果机中放一整晚。第二天早晨，就可以吃到香脆可口的格兰诺拉麦片，再搭配自制杏仁奶，营养又健康。需要注意的是，你需要一台干果机才能制作这款格兰诺拉麦片，传统的烤箱可能并不管用。

2¼ 量杯

准备时间：5 分钟

无油、无精糖、无大豆、无麸质

1. 在干果机托盘上铺一层不粘垫片。

2. 取一个中碗，放入所有的食材，搅拌均匀。将混合物铺在不粘垫片上，不要铺太厚。

3. 以 45℃烘 11～12 小时或直至混合物变得干燥、酥脆。可搭配"香草杏仁奶"（第 261 页）、巴菲或"超简单纯素燕麦粥"（第 27 页）食用。

带皮杏仁粉

将 1 量杯（250 ml）整颗带皮生杏仁倒入搅拌器或食物料理机，调至高速搅打至杏仁呈粉状。带皮杏仁粉的质感有点儿像粗面粉，不如普通面粉那般精细。生杏仁不可搅打太长时间，否则它将释放油脂，导致做出的杏仁粉粘在一起形成块状物。如果杏仁粉结块，可用手将块状物捏碎。使用前将杏仁粉筛一筛，筛出其中较大的颗粒。通常情况下，1 量杯（250 ml）带皮生杏仁可以制作约 1⅓ 量杯（325 ml）带皮杏仁粉。

去皮杏仁粉

将 1 量杯（250 ml）整颗去皮杏仁倒入破壁料理机或食物料理机，调至高速搅打至杏仁呈粉状。杏仁不可搅打过度，否则它将释放油脂，导致做出的杏仁粉粘在一起形成块状物。使用前将杏仁粉筛一筛，去除块状物及较大颗粒。通常情况下，1 量杯（250 ml）整颗去皮杏仁可以制作约 1 量杯（250 ml）去皮无麸质杏仁粉。

燕麦粉

根据需要，将一定量的纯燕麦片倒入搅拌器，调至高速搅打数秒，直至燕麦片呈细粉状。通常情况下，1 量杯（250 ml）纯燕麦片可以制作约 1 量杯（250 ml）燕麦粉。

生荞麦粉

根据需要，将一定量的生荞麦米倒入搅拌器，调至高速搅打数秒，直至生荞麦米呈细粉状即可。通常情况下，1 量杯（250 ml）生荞麦米可以制作约 1 量杯 +2 汤匙（共 280 ml）生荞麦粉。

亚麻籽"蛋黄"酱

1 量杯（250 ml）葡萄籽油

1/2 量杯（125 ml）原味无糖豆浆（无代替品）

1 茶匙（5 ml）苹果醋

1 汤匙（15 ml）新鲜柠檬汁

1 茶匙（5 ml）糙米糖浆

1/4 茶匙（1 ml）干芥末

3/4 茶匙（4 ml）细海盐

当我想到自己最喜欢的少数几款市售食品时，我总在想能否在家里自制。事实证明，自制"蛋黄"酱既简单又方便。我以市售"蛋黄"酱的配料表为参考，给这些配料确定合适的分量。经过多次尝试，我成功制作出了这款亚麻籽"蛋黄"酱。希望你也会喜欢！

1⅓ 量杯（325 ml）

准备时间：5 分钟

无麸质、无坚果、无精糖、生食 / 免烤、无谷物

1. 将所有食材（除葡萄籽油以外）倒入破壁料理机，调至高速搅打至顺滑。其间，若搅拌杯内壁上粘有混合物，可暂停搅打，将混合物刮下来后再继续。在搅打的过程中，将油缓慢地从料理机顶部倒入混合物中。混合物将逐渐变得黏稠。

2. 将混合物装入密封容器中，放入冰箱冷藏，可保存 1 个月。

小贴士

我不建议使用其他植物奶代替豆浆，因为豆浆中的蛋白质有助于"蛋黄"酱凝固。我尝试过使用杏仁奶制作"蛋黄"酱，但是从未成功过。

发芽谷物面包糠

3片发芽谷物面包（或其他面包）

这款发芽谷物面包糠不仅有益健康，而且易于制作。但是，它的储存时间不长，只能在密封容器里保存1个月左右。有时间的话，我总是喜欢制作一些面包糠储存起来，这样就不用购买市售的了。如果你发现一袋不太新鲜的面包，与其将它丢掉，不如把它们做成非常实用的面包糠。由于面包糠需要一个晚上的时间进行干燥，因此，务必提前一天制作。

1¼ 量杯 （300 ml）

准备时间： 5分钟

无坚果、无油、无大豆、无糖

1. 将面包片放入多士炉，烘烤至面包表面呈淡褐色，注意不要烤焦了。（我会将面包烘烤至微焦、但并未全焦的状态。）

2. 将面包片放在冷却架上，冷却15分钟。

3. 将面包片切块，放入食物料理机搅打成碎屑，质感如同粗沙一般。

4. 在烤盘中铺一层烘焙纸。将面包糠均匀地撒在上面，无须加盖，干燥一整晚（或至少8小时）。

5. 将面包糠装入密封容器中，可保存4~8周。

椰香掼"奶油"

1 瓶（396 g）全脂椰浆罐头

1 ~ 2 汤匙（15 ~ 30 ml）甜味食材（适量）

1 根香草荚，刮取香草籽，或 1/2 茶匙（2 ml）纯香草精

你知道用一罐全脂椰浆就可以制作出浓郁而膨松的"奶油"吗？这款椰香掼"奶油"不仅易于制作，而且味道非常好。你完全可以用它代替含有乳制品的掼奶油。我喜欢用它点缀甜品（比如第 233 页的"枫糖南瓜燕麦派"中就用了椰香掼"奶油"）。此外，这款掼"奶油"还可以搭配水果沙拉、水果酥或"香蕉软冰激凌"（第275 页）等食用。各种搭配，任你选择！

3/4 ~ 1 量杯（175 ~ 250 ml）

准备时间：5 ~ 10 分钟

无麸质、无坚果、无油、无精糖、无大豆、无谷物、生食 / 免烤

1. 将全脂椰浆罐头放入冰箱冷藏一整晚（或至少 9 ~ 10 小时）。

2. 制作掼"奶油"之前，提前 1 小时将一个碗放入冰箱的冷冻室中。

3. 倒置一下罐头，然后用开罐器打开椰浆罐头。可以倒掉椰子水（根据个人喜好，也可以将椰子水留下用于制作蔬果昔）。

4. 将碗从冰箱取出，舀入固态椰浆。

5. 用电动打蛋器将椰浆搅拌至膨松、顺滑。加入甜味食材（如枫糖浆、龙舌兰糖浆或天然蔗糖）和香草籽（或香草精），轻轻搅拌至充分混合。

6. 将碗密封，放入冰箱冷藏，使用时再取出。冷藏条件下，掼"奶油"会变硬；室温条件下，掼"奶油"会软化。将掼"奶油"装入密封容器，冷藏条件下可保存 1 ~ 2 周。

·制作椰香柠檬掼"奶油"：将 1 汤匙（15 ml）新鲜柠檬汁和 2 汤匙（30 ml）甜味食材加入椰香掼"奶油"中，搅拌均匀。

·制作巧克力软糖掼"奶油"：将 3～4 汤匙（45～60 ml）可可粉过筛，和 2 汤匙（30 ml）甜味食材、1/4 茶匙（1 ml）纯香草精、少许细海盐一起放入椰香掼"奶油"中，搅拌均匀。

腰果"奶油"

腰果"奶油"可以用来制作许多种食物，它可以代替普通奶油或酸奶油。

取一个碗，将 1 量杯（250 ml）生腰果和足量的水倒入碗中，水面应没过所有腰果，浸泡一整晚（快速方法：将腰果放入碗中，加入沸水，直至水面覆盖所有腰果，浸泡 2 小时）。将腰果捞出、洗净，放入搅拌器，再加入 1/2～1 量杯（125～250 ml）水。水的用量将决定"奶油"的稀稠度。将搅拌器调至高速搅打至顺滑。如果你要将腰果"奶油"用于咸味菜肴中，可加入少许盐（根据个人喜好）。

小贴士

若要制作腰果酸"奶油"，可将 2 茶匙（10 ml）新鲜柠檬汁、1 茶匙（5 ml）苹果醋、1/2 茶匙 +1/8 茶匙（共 2.5 ml）细海盐（或适量）、腰果和水倒入搅拌器，调至高速搅打至顺滑。

简易蘑菇汁

1½ 茶匙（7 ml）特级初榨橄榄油

1 个白洋葱或黄洋葱，切小片

2 瓣蒜，剁碎

适量细海盐

适量现磨黑胡椒粉

3 量杯（750 ml）切片的小褐菇

1 茶匙（5 ml）剁碎的新鲜迷迭香

2 汤匙 +1½ 茶匙（共 37 ml）中筋面粉

1¼ 量杯（300 ml）蔬菜汤

2 汤匙（30 ml）低盐日本酱油（或适量）

这是一款易于制作又可口的调味汁，在任何时候，你都能快速做好。蘑菇汁是节假日午餐或晚餐的理想搭配，我喜欢搭配花椰菜马铃薯泥（第 195 页）食用。

2 量杯（500 ml）

准备时间: 5 分钟 · **烹饪时间:** 16 ~ 18 分钟

无麸质（可选）、无坚果、无糖、无大豆（可选）

1. 取一口煎锅或平底深锅，以中火加热。放入洋葱片和蒜末，翻炒 3 ~ 4 分钟。用盐和黑胡椒粉调味。

2. 加入蘑菇片和迷迭香碎，转至中大火。继续翻炒 8 ~ 9 分钟或直至大部分蘑菇的汁水收干。

3. 将面粉倒入锅中，充分搅拌，直至面粉均匀地附着在蔬菜上。

4. 缓慢地倒入蔬菜汤和日本酱油，快速搅拌至顺滑且没有结块。继续煮 5 分钟，注意要不时搅拌，防止煳锅。

5. 当蘑菇汁的浓稠度达到你的要求时，关火享用！

小贴士

若要制作不含麸质的蘑菇汁，可选用无麸质中筋面粉和无麸质日本酱油。若要制作不含大豆的蘑菇汁，可用椰子酱油代替日本酱油。

如果酱汁过稠，可加入少许蔬菜汤。如果酱汁过稀，可加入少许面粉。

简易意式风味油醋汁

1/4 量杯（60 ml）苹果醋

3 汤匙（45 ml）亚麻籽油或特级
初榨橄榄油

2 汤匙（30 ml）巴萨米克醋

2 汤匙（30 ml）无糖苹果酱

1 汤匙（15 ml）纯枫糖浆

1½ 茶匙（7 ml）第戎芥末

1 瓣蒜，剁碎

1/4 茶匙（1 ml）细海盐（或适量）

适量现磨黑胡椒粉

没有一款沙拉酱比油醋汁更加方便了！你可以将油醋汁放入冰箱储存，它是市售沙拉酱的最佳替代品。你只须将所有食材倒入梅森罐，拧紧瓶盖，轻轻摇晃即可！我喜欢"西葫芦意大利面"沙拉与油醋汁的搭配组合：我曾经将整根西葫芦削成螺旋状的细丝，然后搭配这款油醋汁并在几分钟内将沙拉一扫而光。这款油醋汁同样也是"核桃牛油果香梨沙拉"（第 99 页）的完美搭配。

3/4 量杯（175 ml）

准备时间： 5 分钟

无麸质、无坚果、生食 / 免烤、无大豆、无精糖、无谷物

取一个小碗，放入所有食材，搅拌均匀。也可以将所有食材装入罐中，拧紧盖子并摇晃均匀。油醋汁在密封容器内可以冷藏保存至少 2 周。

小贴士

你可以根据个人喜好调配油醋汁的口味。我喜欢酸一点儿的口味，但是如果你不喜欢酸味太重，可以适当减少醋的用量或增加甜味食材的用量。尽情尝试吧！

柠檬芝麻酱

1 瓣蒜
1/4 量杯（60 ml）芝麻酱
1/4 量杯（60 ml）新鲜柠檬汁
3 汤匙（45 ml）营养酵母
1~2 汤匙（15~30 ml）香油或特级初榨橄榄油（适量）
1/4 茶匙（1 ml）细海盐（或适量）

小贴士

冷却的柠檬芝麻酱将变得浓稠。如需要，可加入 1~2 汤匙（15~30 ml）水或香油稀释一下。

这款柠檬芝麻酱绝对是我最喜欢的沙拉酱之一，浓郁香醇的酱与许多菜肴都是绝配，比如"无油法拉费"（第 83 页）。

2/3 量杯（150 ml）

准备时间：5 分钟

无麸质、无坚果、生食 / 免烤、无大豆、无糖、无谷物

将蒜放入食物料理机，用点动模式打成碎末。加入芝麻酱、柠檬汁、营养酵母、香油（或橄榄油）、1~2 汤匙（15~30ml）水和盐，继续搅打至顺滑。

十味混合香料

2 汤匙（30 ml）烟熏红椒粉
1 汤匙（15 ml）大蒜粉
1 汤匙（15 ml）干牛至
1 汤匙（15 ml）洋葱粉
1 汤匙（15 ml）干罗勒
2 茶匙（10 ml）干迷迭香
1½ 茶匙（7 ml）现磨黑胡椒粉
1½ 茶匙（7 ml）细海盐
1 茶匙（5 ml）白胡椒粉
1 茶匙（5 ml）卡宴辣椒粉

这款混合香料的制作时间不超过 5 分钟，它可以加入各种菜肴中，比如汤、炖菜、烤马铃薯、羽衣甘蓝脆片、豆腐类食品、豆子、牛油果吐司等。在制作"十全十美腰果蔬菜汤"（第 129 页）时，我就使用了这款混合香料，做出的汤味道非常好。

1/2 量杯（125 ml）

准备时间：5 分钟

无麸质、生食 / 免烤、无糖、无油、无大豆、无谷物

将所有食材倒入中号梅森罐，拧紧瓶盖，摇晃均匀。每次使用前都应将混合香料摇匀。

去水豆腐

当我第一次在烹饪中使用豆腐时，我压根不知道"压豆腐"的意思。为什么要压豆腐？它看上去并不是很松散。但是，我很快意识到，豆腐其实含有大量的水分。压豆腐可以将豆腐中的水分排出，使其变得更紧实。

传统挤压法

如果你没有豆腐压水器，我将为你介绍传统的豆腐去水的方法。需要注意的是，压在豆腐上的书本可能会因为小小的震动而倒塌。

将豆腐洗净。在砧板上铺 2~3 条洗碗巾。另拿几张厨房纸将豆腐包起来，再用一条厚洗碗巾包一圈。将豆腐放在砧板上，在上面再盖一条洗碗巾。用几本厚厚的书压在豆腐上面，静置至少 20 分钟，直至豆腐中的水分被排出。其间，要时刻观察，防止书倒塌！

使用豆腐压水器

采用了多年的传统挤压法后，我终于购买了一个豆腐压水器。它真的改变了一切！豆腐压水器可以排出豆腐中的大量水分（无须担心书倒塌！）。将豆腐装入压水器后，我会将豆腐和压水器一同放入冰箱冷藏一整晚，去水后的豆腐将变得非常紧实且富有弹性。当我看到压水器底部的汁水时，我总是对豆腐的含水量感到惊讶。如果你喜欢吃豆腐，我建议你买一个豆腐压水器，它不会占用太多空间。

魔法奇亚籽果酱

3量杯（750 ml）新鲜或冷冻的浆果（覆盆子、黑莓、蓝莓或草莓）

3～4汤匙（45～60 ml）纯枫糖浆或其他甜味食材（适量）

2汤匙（30 ml）奇亚籽

1茶匙（5 ml）纯香草精

小贴士

若要制作草莓奇亚籽果酱，先将去蒂的草莓放入食物料理机搅打至顺滑。然后按配方中的步骤操作即可。

如果你有20分钟的空闲时间，那么就可以制作一份足以与市售果酱相媲美的健康果酱。你只须将水果（蓝莓、覆盆子、草莓等）、奇亚籽和少许甜味食材放入锅中，煮至浓稠即可。你肯定不会相信，制成的果酱竟然如此黏稠浓厚——因此，我将它命名为"魔法奇亚籽果酱"！这款奇亚籽果酱富含有益健康的ω-3脂肪酸、膳食纤维、蛋白质、铁、镁和钙。谁能想到果酱也能如此健康？

1量杯（250 ml）

准备时间：20分钟 · 烹饪时间：20分钟

无麸质、无油、无精糖、无大豆、无坚果、无谷物

1. 取一口平底深锅，放入浆果和3汤匙（45 ml）枫糖浆，以中火转大火加热至沸腾，其间要不时搅拌。转至中小火，继续煮5分钟。用马铃薯捣碎器或叉子将大部分浆果捣碎，保留一些完整的浆果，以丰富口感。

2. 加入奇亚籽，搅拌至充分混合。煮约15分钟或直至达到你想要的浓稠度为止。煮的过程中，应不时搅拌，防止烧焦。

3. 果酱变得黏稠即可关火，滴入香草精，搅拌均匀。根据个人喜好，可添加更多的甜味食材。可搭配烤吐司、英式麦芬、"超简单纯素燕麦粥"（第27页）、燕麦棒、蛋糕、饼干、"香蕉软冰激凌"（第275页）等食用。将果酱装入密封容器内，在冷藏条件下可保存1～2周，冷却后的果酱将变得更加浓稠。

巧克力糖霜（两种口味）

2 量杯（500 ml）巧克力黄油糖霜

2½ 量杯（625 ml）糖粉，过筛

3/4 量杯（175 ml）可可粉，过筛

1/2 量杯（125 ml）素黄油，例如地球平衡（Earth Balance）品牌的素黄油

1 撮细海盐

2 茶匙（10 ml）纯香草精

3½ ~ 4 汤匙（45 ~ 60 ml）植物奶（适量）

1½ 量杯（375 ml）巧克力牛油果糖霜

2 个大个的成熟的牛油果，去核

6 汤匙（90 ml）无糖可可粉，过筛

5 ~ 6 汤匙（75 ~ 90 ml）龙舌兰糖浆（适量）

2 茶匙（10 ml）纯香草精

1 撮细海盐

本配方将为你介绍两种不同口味的巧克力糖霜供你选择。巧克力黄油糖霜的口味经典、用途广泛；巧克力牛油果糖霜以浓郁纯正的黑巧克力为基底，甜中带苦，令人回味无穷。

制作巧克力黄油糖霜

将所有食材（除植物奶以外）放入一个大碗中，用手动打蛋器搅拌均匀。缓慢地倒入植物奶。你可能希望做出的巧克力黄油糖霜黏稠一些，但不可太稠，否则无法抹开。你可能需要根据个人喜好对植物奶的用量进行调整。对我来说，3½ 汤匙（45 ml）植物奶刚刚好。

制作巧克力牛油果糖霜

1. 将牛油果放入食物料理机，搅打至将近顺滑。加入剩下的所有食材，继续搅打至顺滑。其间，若搅拌杯内壁上粘有混合物，可暂停搅打，将混合物刮下来后再继续。

2. 将做好的巧克力牛油果糖霜放入冰箱，使用时取出即可。将糖霜装入密封容器中，可在冷藏条件下保存 3 天。

香蕉软冰激凌

4根成熟的香蕉，去皮、切块、冷冻

2汤匙（30 ml）烤杏仁酱或烤花生酱（可选）

我是从我的好朋友吉纳·哈姆肖——一位才华横溢的博主（她的博客地址：www.choosingraw.com）那里知道香蕉软冰激凌的。香蕉软冰激凌彻底改变了我对软冰激凌的看法！我会定期制作这款香蕉软冰激凌，它非常健康，同时也是炎炎夏日的消暑圣品。你可以在软冰激凌里加入各种各样的配料：冷冻的浆果、坚果酱、可可粒、可可粉或角豆粉等。夏天来临时，我总会在冰箱里保存一些冷冻香蕉，用于制作这款特别的软冰激凌。

2人份

准备时间：5分钟

无麸质、无坚果（可选）、无大豆、无糖、无谷物、生食/免烤、无油

1.将冷冻的香蕉块和杏仁酱或花生酱（如使用）放入食物料理机搅打至顺滑。其间，若搅拌杯内壁上粘有混合物，可暂停搅打，将混合物刮下来后再继续。料理机的功率不同，搅打的时长也不同。

2.待香蕉混合物变得顺滑，且拥有软冰激凌般的质地时，将其从料理机中盛出来，立即享用！

小贴士

我建议你使用带有少许黑斑的黄色香蕉，如果香蕉过熟（黑斑过多），就无法搅打至光滑细腻，而且香蕉味会很强烈（除非你就是喜欢香蕉的味道）。

零起点煮豆子

1 量杯（250 ml）干豆子

1 片 8 cm 宽的昆布（可选）

适量细海盐或有机香草蔬菜味海盐，用于调味

小贴士

煮豆子的过程中不可加盐，否则可能导致豆子煮不烂。应在煮好后再加盐调味。

注意，此方法不适合用于煮小扁豆。

尽管新鲜豆子比罐装豆子味道更好，但在着急的时候，我还是会使用豆类罐头。伊甸园（Eden）是我比较信赖的品牌，该品牌的罐头产品不含双酚 A，而且额外添加的昆布还有助于消化。一些超市会售卖冷冻的豆子，因此，煮豆子就变得简单了——你只须将这些豆子解冻即可。当然，我还是倾向于亲手处理新鲜的豆子，毕竟可以省不少钱！周末的时候，我会将一盆豆子浸泡一整晚并提前煮好，方便工作日使用。我还喜欢将剩余的豆子分成小份放入冰箱冷冻，作为日常的即食食品。

分量根据豆子的种类决定

准备时间：10 分钟 · **烹饪时间**：30 ~ 90 分钟

浸泡时间：一整晚或 8~12 小时

1. 将豆子放在漏勺中，冲洗干净。

2. 将豆子放入平底深锅内，加入足量的水，直至水面高过豆子 8 ~ 10 cm。浸泡一整晚或至少 8 ~ 12 小时。

3. 将豆子捞出并冲洗干净，倒回平底深锅中，加水至水面高过豆子 5 cm。加入昆布（如使用），搅拌均匀。

4. 以大火将水煮沸。用勺子撇除泡沫。转至中火，无须加盖，继续煮 30 ~ 90 分钟（取决于豆子的品种），直至可用叉子轻易插入，且可用手指轻易捏碎。

5. 将豆子沥干，用盐调味。

6. 如果你煮了大量豆子，只须将它们冲洗干净并冷却，然后将暂时不用的熟豆子装入密封容器、玻璃瓶或保鲜袋内并放入冰箱冷藏或冷冻。

烤大蒜

若干头蒜

适量特级初榨橄榄油（可选），
用于淋在蒜上

烤 大蒜没有刺鼻的生蒜味，反而拥有了香甜软糯的焦糖黄油口味，它可以放在蒜蓉面包上或加入意大利面酱和汤里食用。此外，烤大蒜有助于消化。相信我，这款烤大蒜将改变你对大蒜的看法！

分量根据个人需求决定

准备时间: 5 ~ 10 分钟 · 烹饪时间: 35 ~ 50 分钟

1. 将烤箱预热至 200℃。剥去蒜头的外皮，保留单瓣蒜的外皮。

2. 将蒜头的顶部切除 0.5 ~ 1 cm，使每瓣蒜的顶部都能露出来。如果你没能切除所有蒜瓣的顶部，可以用削皮刀再切一下。

3. 一片锡纸上放一头大蒜。如需要，淋上约 1 茶匙（5 ml）橄榄油，确保每瓣蒜露出来的地方都淋上了橄榄油。

4. 用锡纸包裹蒜头，放入烤盘或麦芬模中。

5. 将烤盘放入烤箱烤 35 ~ 50 分钟，直至蒜头变软、呈金黄色即可。

6. 取出烤盘，静置数分钟，小心地掰开没那么烫的蒜头。待大蒜完全冷却后，将蒜瓣轻轻挤到碗中。此时，刺鼻的生蒜味消失了，唯有温和的蒜香扑鼻而来，令人难以忘怀。

南瓜酱

4 ~ 4½ 量杯（1 ~ 1.125 L）新鲜的南瓜泥或南瓜泥罐头

1/4 量杯（60 ml）甜苹果酒或苹果汁

1 量杯（250 ml）黑糖或其他颗粒状甜味食材

3 ~ 4 汤匙（45 ~ 60 ml）纯枫糖浆（适量）

1 汤匙（15 ml）肉桂粉

1/2 茶匙（2 ml）现磨肉豆蔻粉

1 茶匙（5 ml）纯香草精

1 茶匙（5 ml）新鲜柠檬汁

1 撮细海盐

  南瓜酱是典型的秋季美食。每年秋天，我都会制作 1 ~ 2 次南瓜酱。当红、橙、黄等不同颜色的树叶开始装点窗外的世界时，我知道，又到了制作南瓜酱的季节！香甜软糯的南瓜酱既可以搭配烤吐司、燕麦粥或巴菲，也可以单独食用，各具特色。

3½ 量杯（875 ml）

准备时间：10 ~ 30 分钟 · 烹饪时间：20 ~ 30 分钟

无麸质、无油、无精糖、无坚果、无大豆、无谷物

1. 取一口中/大号平底深锅，将南瓜泥（或南瓜泥罐头）、苹果酒（或苹果汁）、黑糖（或其他颗粒状甜味食材）、枫糖浆、肉桂粉和肉豆蔻粉放入锅中，搅拌均匀。盖上锅盖，取一只木勺支撑锅盖，使锅盖和锅错开一条缝。

2. 以中大火将混合物煮沸，然后转至中小火，无须加盖，继续煮 20 ~ 30 分钟或直至混合物变得浓稠。关火，冷却数分钟。加入香草精，搅拌均匀。

3. 待南瓜酱完全冷却，加入柠檬汁和盐调味。将南瓜酱装入密封容器中，可在冷藏条件下保存 2 ~ 4 周。

小贴士

  我不建议将南瓜酱制成罐头。这些南瓜酱可在冷冻条件下保存 1~2 个月。食用时，将南瓜酱放入冷藏室或在室温条件下解冻，搅拌均匀。

  如果你不想使用别的食材，两个甜南瓜就足以制作一份南瓜酱。制作方法：将烤箱预热至 180℃，在一个大号烤盘中铺一层烘焙纸。将南瓜切成两半，去除南瓜子。在南瓜的切面抹少许油，切面向下铺在烤盘内。

将烤盘放入烤箱烤 40～55 分钟，直至可用叉子轻易插入南瓜。烘烤时间取决于南瓜的大小。待南瓜冷却后，倒入食物料理机或搅拌器搅打至顺滑即可。

南瓜派山核桃酱

2 量杯（500 ml）生山核桃仁

3/4 量杯（175 ml）市售或自制南瓜酱（第 278 页）

2 汤匙（30 ml）纯枫糖浆（或适量）

1 茶匙（5 ml）肉桂粉

1/8～1/4 茶匙（0.5～1 ml）现磨肉豆蔻粉（适量）

1/4 茶匙（1 ml）细海盐

1 根香草荚中的香草籽（可选）

日常生活中，我会制作各式各样的坚果酱，但是这款山核桃酱一直以来是我最喜欢的涂抹酱料！幸运的是，山核桃酱的制作过程非常简单。山核桃富含油脂，质地柔软，只需 5 分钟就可以被搅打成黄油状。将少许"南瓜酱"（第 278 页）和香料加入其中，搅拌均匀，一款令人难以抗拒的山核桃酱就完成了。你也可以将它们作为节假日的小礼物——如果你舍得将这些山核桃酱赠予他人！

1¼ 量杯（300 ml）

准备时间：10 分钟 · 烹饪时间：10～12 分钟

无麸质、无油、无大豆、无精糖、无谷物

1. 将烤箱预热至 150℃。将山核桃仁撒一层在有边烤盘内，将烤盘放入烤箱烤 10～12 分钟，直至山核桃仁的表面呈金黄色、发出香气。

2. 将山核桃仁倒入食物料理机搅打约 5 分钟，直至山核桃仁呈黄油状。其间，若搅拌杯内壁上粘有混合物，可暂停搅打，将混合物刮下来后再继续。

3. 将南瓜酱、枫糖浆、肉桂粉、肉豆蔻粉、盐和香草籽（如使用）放入食物料理机搅打至充分混合、顺滑。将做好的山核桃酱装入密封容器内，在冷藏条件下，可保存至少 1 个月。

枫糖肉桂杏仁酱

2¼ 量杯（550 ml）生杏仁

2 汤匙（30 ml）纯枫糖浆

2 汤匙（30 ml）线麻籽

2 汤匙（30 ml）奇亚籽

1 茶匙（5 ml）肉桂粉

1 茶匙（5 ml）纯香草精

1~2 茶匙（5~10 ml）椰子油

1/4 茶匙（1 ml）细海盐

这款由线麻籽和奇亚籽制成的杏仁酱不仅富含蛋白质，而且有益健康，让你吃得开心、吃得放心。我建议你在制作杏仁酱时，使用大功率食物料理机——因为小功率料理机没有足够的动力打碎所有食材，如果强行用小功率料理机，可能会烧坏电机。

1¼ 量杯（300 ml）

准备时间：20 分钟 · **烹饪时间：**20~25 分钟

无麸质、无大豆、无精糖、无谷物

1. 将烤箱预热至 150℃。在有边烤盘中铺一层烘焙纸。

2. 将杏仁和枫糖浆倒入一个大碗中，充分搅拌，直至枫糖浆均匀地附着在杏仁上。将杏仁混合物倒入烤盘内，尽量不要让杏仁叠在一起，将烤盘放入烤箱烤 20~25 分钟，直至杏仁呈金黄色、散发香气。烤至 12 分钟时，取出烤盘，搅拌一下杏仁，然后放回来继续烤。

3. 取出烤盘冷却 5~10 分钟。若要制作带颗粒的杏仁酱，可保留 1/4 量杯（60 ml）整颗杏仁（否则，使用所有的烤杏仁）。将烤杏仁倒入食物料理机搅打 5~10 分钟。如需要，每隔 30 秒或 1 分钟就停止搅打，然后将料理机内壁上的杏仁泥刮下来。

4. 加入线麻籽、奇亚籽、肉桂粉、香草精、1 茶匙（5 ml）油和盐，继续搅打至杏仁酱变得顺滑，且用勺子舀 1 勺杏仁酱，它能顺畅地滴落即可。如果杏仁酱过于黏稠，可以额外加入少许油。

5. 若要制作带颗粒的杏仁酱，将预留的 1/4 量杯（60 ml）杏仁切碎，加入杏仁酱中，搅拌均匀。

6. 将杏仁酱装入密封玻璃瓶内，在室温或冷藏条件下，可保存 1~2 个月。

坚果芳香植物面包块

1 汤匙（15 ml）亚麻籽粉

1 汤匙（15 ml）特级初榨橄榄油

2 瓣蒜

1 量杯（250 ml）生杏仁

2 汤匙（30 ml）切成块的白洋葱

2 汤匙（30 ml）新鲜欧芹或 1 茶匙（5 ml）干欧芹

2 汤匙（30 ml）新鲜罗勒或 1 茶匙（5 ml）干罗勒

1 汤匙（15 ml）新鲜百里香或 1/2 茶匙（2 ml）干百里香

1 汤匙（15 ml）新鲜迷迭香或 1/2 茶匙（2 ml）干迷迭香

1/2 茶匙（2 ml）干牛至

1/4 茶匙（1 ml）细海盐（或适量）

适量有机香草蔬菜味海盐，用于撒在食物表面

我保证，当你尝试过这款不含面粉的酥脆坚果面包块后，你一定会对面包块另眼相看。或许你也会和我一样，不停地偷吃烤盘里的面包块！此款面包块酥脆爽口，让你唇齿留香，可搭配恺撒沙拉（第 104 页）或你喜欢的任何沙拉食用。参看第 105 页的图片。

8 人份

准备时间： 15 分钟 · **烹饪时间：** 30 ~ 35 分钟

无大豆、无糖、无谷物、无麸质

1，将烤箱预热至 150℃。在一个大号有边烤盘中铺一层烘焙纸。

2，将亚麻籽粉、油和 2 汤匙（30 ml）水倒入一个小碗中，搅拌均匀。放置 5 分钟，偶尔搅拌一下，直至混合物变得黏稠。

3，将蒜放入食物料理机，用点动模式打碎。加入杏仁，打碎。加入白洋葱、欧芹、罗勒、百里香、迷迭香、牛至、亚麻籽混合物和 1/4 茶匙（1 ml）细海盐，搅打至混合物变成一团黏稠的糊状物。

4. 用手指抓取 1/2 茶匙（2 ml）混合物，捏成小块后放在烤盘内。面包块之间应保持 2.5 cm 的距离，在面包块上撒上有机香草蔬菜味海盐。

5. 将烤盘放入烤箱烤 20 分钟。晃动烤盘，给面包块翻面，继续烤 10 ~ 15 分钟，直至面包块呈金黄色。烘烤快结束时，应注意观察面包块，防止烤焦。

6. 取出烤盘，冷却 10 分钟。冷却后的面包块将变硬。将完全冷却的面包块装入密封玻璃瓶内，可保存 2 ~ 4 周。

浓缩巴萨米克醋

1 量杯（250 ml）巴萨米克醋

不喜欢醋的读者们，你们不用担心：一旦将醋熬成浆，它就会摇身一变，成为香甜爽口的酱汁，可以用于搭配沙拉（第 114 页的"烤甜菜根榛子沙拉"）、烤蔬菜和时令水果（如桃子、樱桃、草莓等）。你还可以尝试将油和浓缩巴萨米克醋淋在新鲜的法棍面包上，这绝对是个好主意！

这个配方虽然需要很多醋，但制作完成的浓缩巴萨米克醋只是原食材的三分之一。

约 1/3 量杯（75 ml）

准备时间: 10 分钟 · **烹饪时间:** 20 ~ 30 分钟

1. 取一口平底深锅，以中大火将醋煮沸。转至中小火，继续煨 20 ~ 30 分钟，其间要不时搅拌，直至醋的体积减少至原来的三分之一为止。煮的过程中应注意观察，防止烧焦。如需要，可适当调节火力。煮好后，锅内应有约 1/3 量杯（75 ml）浓缩巴萨米克醋。

2. 关火冷却。将浓缩巴萨米克醋装入密封容器内，放入冰箱保存。冷藏条件下，可保存 1 个月。冷藏后的浓缩巴萨米克醋将变得黏稠，甚至凝固。使用前，将浓缩巴萨米克醋取出并使其恢复至室温。

自制蔬菜汤

1½ 茶匙（7 ml）特级初榨橄榄油

3 个洋葱，切丁

1 头蒜，去皮、剁碎

适量细海盐

适量现磨黑胡椒粉

3 根中等大小的胡萝卜，切丁

4 根西芹，切丁

1 把小葱，切成葱圈

1 量杯（250 ml）香菇或小褐菇，切丁

1 个大番茄，切丁

2 片月桂叶

10 枝新鲜百里香

1 片 5 cm 宽的昆布（可选）

1½ 茶匙（7 ml）完整的黑胡椒粒

2 茶匙（10 ml）细海盐

小贴士

如果你希望蔬菜汤的味道更浓，可加入少许日本酱油。请注意，这样做出的蔬菜汤会含有大豆。若要制作不含大豆的蔬菜汤，可以用椰子酱油代替日本酱油。

自制蔬菜汤当然没有从超市购买几盒汤块来得轻松，但是当你从零开始成功做好一道蔬菜汤时，你会获得满满的成就感。我总是在冬季来临之际，制作大量蔬菜汤，便于随时使用。许多市售蔬菜汤含有麸质和酵母，或许并不适合那些敏感体质的人，而自制蔬菜汤却是一个很好的选择。我喜欢将这些蔬菜汤装入玻璃瓶中，然后放入冰箱冷藏，作为寒冷冬日的暖心食物。玻璃瓶不要装太满，蔬菜汤离瓶口应有 2.5 cm 的距离，以免蔬菜汤膨胀导致玻璃瓶破裂。

10 ~ 11 量杯（2.4 ~ 2.6 L）

准备时间：30 分钟 · 烹饪时间：100 ~ 105 分钟

无麸质、无糖、无坚果、无大豆（可选）、无谷物

1. 取一口大号汤锅，倒入油，以中火加热。放入洋葱丁和蒜末，翻炒约 5 分钟。加适量盐和适量黑胡椒粉调味。

2. 加入胡萝卜丁、芹菜丁、葱圈、蘑菇丁、番茄丁、月桂叶、百里香、昆布（如使用）和黑胡椒粒，继续翻炒 5 ~ 10 分钟。

3. 最后，将 12 量杯（2.8 L）水和 2 茶匙（10 ml）盐倒入锅中，搅拌均匀。以大火将水煮沸，转至中火，继续煨约 90 分钟或更长（如果你有充足的时间）。

4. 将蔬菜汤小心地倒入一个大碗或水壶中。将蔬菜汤中的固体残渣丢掉，将蔬菜汤分批装入大号玻璃瓶中，蔬菜汤离瓶口应有 2.5 cm 的距离，以免蔬菜汤膨胀导致玻璃瓶破裂。待蔬菜汤完全冷却后，拧紧瓶盖，将玻璃瓶放入冰箱。冷冻条件下，可保存 1 ~ 2 个月；冷藏条件下，可保存 3 天。

五分钟墨西哥玉米卷酱

2 茶匙（30 ml）素黄油

2 汤匙（30 ml）面粉

4 茶匙（20 ml）辣椒粉

1 茶匙（5 ml）大蒜粉

1 茶匙（5 ml）孜然粉

1/2 茶匙（2 ml）洋葱粉

1/4 茶匙（1 ml）卡宴辣椒粉

小于 1 量杯（250 ml）的番茄酱

1¾ 量杯（425 ml）蔬菜汤

1/4 ~ 1/2 茶匙（1 ~ 2 ml）细海盐（适量）

这款自制墨西哥玉米卷酱让人回味无穷，我想有了这款酱你或许再也不会购买超市售卖的酱了！你可以用它搭配红薯黑豆玉米卷（第 139 页）或一份有蔬菜、豆子和米饭的菜肴。

2 量杯（500 ml）

准备时间：5 分钟 · 烹饪时间：5 分钟

无麸质（可选）、无坚果、无糖、无谷物

1. 取一口中号平底深锅，以中火加热至素黄油熔化。

2. 加入面粉，搅拌均匀，直至混合物变成黏稠的糊状物。加入辣椒粉、大蒜粉、孜然粉、洋葱粉和卡宴辣椒粉，搅拌均匀。继续加热数分钟，直至混合物散发香味。

3. 加入番茄酱和蔬菜汤，搅拌至混合物充分混合、变得顺滑。以大火将混合物煮沸（如需要，可加盖），然后转至中火，加适量盐调味，继续煨约 5 分钟（根据个人喜好，可以煨更长时间），直至混合物变得浓稠。

小贴士

若要制作不含麸质的酱，请选用无麸质的中筋面粉。

如何煮谷物和豆子

在本章中，我将为大家介绍如何煮谷物和豆子（下页表格中包括绿小扁豆和我最常使用的谷物）。

本节主要介绍如何煮谷物。先将谷物放在细网筛中，用水冲洗干净。这样可以去除谷物中的杂质，以免影响菜肴的口感与味道。将谷物和饮用水（根据个人喜好，可选用蔬菜汤）倒入一口中号深锅内，以大火将水煮至微沸。转至中小火，盖紧锅盖，按照下一页表格中的时间来煮或将谷物煮至你喜欢的程度。煮的时间取决于火力的大小和谷物的新鲜程度，因此我建议你在煮谷物时注意观察，将火力控制在一定范围内。藜麦、小米和大米煮熟后，不要立即揭开锅盖，应利用锅内水蒸气继续焖 5 分钟。你需要做的是，关火，无须揭盖，静置 5 分钟；5 分钟后，用叉子将谷物翻松即可。

当然，我也在下列表格的最后一栏加入了煮绿小扁豆的技巧。你可以根据上述方法以及下一页表格中的方法来煮，但要注意，煮绿小扁豆时无须加盖，煮好后应将小扁豆沥干。

煮其他豆子的技巧请参考第 276 页 "零起点煮豆子"。

如何煮谷物和豆子

食材	食材在干燥状态下的用量	水的用量	小贴士	时间	成品的量
印度香米	1 量杯（250 ml）	1½ 量杯（375 ml）	煮 10 分钟后，注意观察	煮 10 ~ 15 分钟	3 量杯（750 ml）
小米	1 量杯（250 ml）	2 量杯（500 ml）	加水之前，在小米中加 1 汤匙（15 ml）油并将小米放入多士炉或烤架稍微烤一下，以增加小米的香味。关火后，继续焖 5 分钟	煮 20 分钟 + 焖 5 分钟	4 量杯（1 L）
藜麦	1 量杯（250 ml）	1½ 量杯（375 ml）	用蔬菜汤烹煮，以增加藜麦的香味。关火后，继续焖 5 分钟	煮 15 ~ 17 分钟 + 焖 5 分钟	3 量杯（750 ml）
短粒糙米	1 量杯（250 ml）	2 量杯（500 ml）	关火后，继续焖 5 分钟	煮 40 分钟 + 焖 5 分钟	3 量杯（750 ml）
斯佩尔特小麦麦仁	1 量杯（250 ml）	1½ 量杯（375 ml）	若要麦仁吃起来有嚼劲，可根据个人喜好，缩短煮的时间	煮 35 分钟或直至水分被完全收干	2 量杯（500 ml）
野米	1 量杯（250 ml）	2 量杯（500 ml）	关火后，继续焖 5 分钟	煮 40 分钟 + 焖 5 分钟	3 量杯（750 ml）
绿小扁豆	1 量杯（250 ml）	3 量杯（750 ml）	煮的时候无须加盖；煮熟后沥干	煮 20 ~ 30 分钟	2¾ 量杯（675 ml）

致　谢

　　人们常说，养育一个孩子需要一个村庄的力量。尽管我没有养育过孩子，但是我认为，完成这本食谱所付出的心血并不比养育一个孩子所付出的少。本书倾注了很多才华横溢的人的心血，在此我向他们表示由衷的感谢。

　　感谢我的丈夫埃里克，我不知道该如何表达我对你的爱和感谢。我反复修改这一段文字，不知修改了多少遍。你是如此无私、幽默、有智慧、有才华，你点亮了我的整个人生。在我并不平顺的职业生涯中，无论是开博客和蛋糕店，还是撰写食谱，你都一直在身边鼓励我，让我不断挑战自己、超越自己。谢谢你对我一如既往的支持，哪怕是支持我不切实际的疯狂冒险。是你把我用过的餐盘洗得干干净净，是你把我的购物清单整理得一清二楚，是你在我哭泣的时候帮我擦干泪水，没有你，我就无法完成这本书，我爱你。

　　感谢我的品菜师们。没有他们，这本书中的配方不会如此完美。感谢我的母亲，感谢您愿意品尝我制作的菜肴并给予建议，感谢您为我收集各种配方。您一直是我生命中最重要的支持者，当我对自己都失去信心时，您却一直相信我，鼓励我。感谢我的妹妹克里斯季，尽管你是一位忙碌的母亲，但仍抽空品尝我制作的菜肴。感谢姨妈黛安娜和伊丽莎白，你们的慷慨相助和满满爱意总是令我备感幸福，感谢你们对我的支持。感谢塔米·鲁特，感谢你充满热情地尝试我公开的每一个配方，感谢你"督促"我不断研发出更多可口的菜肴！还要感谢希瑟·卢茨、蒂娜·希尔、凯瑟琳·贝利、米歇尔·毕晓普、艾尔利斯·西村、唐娜·福布斯、斯特凡妮亚·莫法特、辛迪·余、劳拉·弗勒德和萨拉·弗朗克尔。感谢你们在过去的一年里为这本食谱付出的时间与心血。再次感谢！

　　感谢艾弗里出版社的编辑露西娅·沃森，谢谢你对这本食谱始终抱有热情，也谢谢你在我坚持追求完美的时候始终充满耐心。我们是最棒的团队，我为我们的劳动成果感到无比自豪。感谢艾薇·麦克法登，谢谢你卓越的文字加工能力。

　　感谢企鹅出版社的安德烈亚·马吉亚尔，谢谢你在几年前联系了我并与我商量出书事宜，这让我爱上了写作。谢谢你在本书的创作过程中给予我的支持、建议和鼓励，谢谢你在帮我实现梦想的过程中所做出的一切努力。

感谢我的律师詹姆斯·明斯，谢谢你帮助我放慢速度去了解书籍出版的整个流程。我从你这里获得的经验和教训是我职业生涯中最宝贵的财富。谢谢你一直陪在我的身边，你是我生命中真正的良师益友。

我还要特别感谢妮基·罗克利夫，谢谢你慷慨地将自己漂亮的厨房借给我们，让我们用它充当本书部分照片的背景。

感谢戴夫·比耶斯。能够再次与你合作并完成在厨房和户外的一系列拍摄工作，我深感荣幸。谢谢你捕捉的美丽瞬间！

亲爱的博客读者，我对你们充满感激之情。毫无疑问，是你们的鼓励、支持和热情让我坚持到今天。没有什么比全情投入做某件事并获得别人的鼓励更令人兴奋的了。可能你们并不知道我有多么重视读者的评论、提问和反馈，但是我衷心地希望你们能够了解这一点。通过我的博客慢慢了解你们让我的生活变得丰富多彩。在未来的日子里，希望我们还能携手并进、一起享受健康生活。我很高兴能认识更多的读者！